Winfried Prost

Dialektik – die Psychologie des Überzeugens

Winfried Prost

Dialektik – die Psychologie des Überzeugens

Gespräche und Verhandlungen erfolgreich führen

2., überarbeitete Auflage

GABLER

Bibliografische Information der Deutschen Nationalbibliothek
Die Deutsche Nationalbibliothek verzeichnet diese Publikation in der Deutschen Nationalbibliografie; detaillierte bibliografische Daten sind im Internet über <http://dnb.d-nb.de> abrufbar.

Winfried Prost, Doktor der Philosophie, ist als jesuitisch geschulter und psychologisch erfahrener Kommunikationsprofi seit über 25 Jahren für Top-Führungskräfte der Wirtschaft als Führungscoach und Persönlichkeitstrainer selbständig tätig. Er gilt als pragmatischer und klarsichtiger Vertreter einer ganzheitlichen Führungs- und Persönlichkeitspsychologie. Seine Einsichten und Erfahrungen gibt er als Seminarleiter, Vortragender und Autor zahlreicher Bücher weiter. Prost ist Gründer und Leiter der Akademie für Ganzheitliche Führung. Er lebt in Köln und Zürich. Sein Buch „Führen mit Autorität und Charisma" ist im Juni 2008 bei Gabler erschienen.

1. Auflage 1996
2. Auflage 2008

Lektorat: Ulrike M. Vetter

Gabler ist Teil der Fachverlagsgruppe Springer Science+Business Media.
www.gabler.de

Umschlaggestaltung: Nina Faber de.sign, Wiesbaden
Druck und buchbinderische Verarbeitung: Krips b.v., Meppel
Gedruckt auf säurefreiem und chlorfrei gebleichtem Papier
Printed in the Netherlands

ISBN 978-3-8349-0743-1

Vorwort

Leben ist Kommunikation. Wir können an Beziehungen wachsen und unser Glück darin finden, wir können aber auch daran leiden und zerbrechen. Auch im Beruf hängen Erfolg und Misserfolg in hohem Maße davon ab, ob die Kommunikation mit anderen Menschen gelingt. Unser Schicksal und unser Lebensglück sind sehr eng mit unserer Fähigkeit zu kommunizieren verbunden.

Wenn Sie bedenken, wie viel Fachwissen Sie in Schule und Ausbildung aufnehmen mussten und wie wenig Sie dabei über die komplexen psychologischen Abläufe des menschlichen Miteinanders erfahren haben, dann können Sie ahnen, worum es in diesem Buch geht: um kompetente und grundsätzliche Unterstützung für Ihre tägliche Kommunikation und darum, wie Sie andere Menschen gewinnen und überzeugen können und sich mit ihnen möglichst einfach langfristig erfolgreich verständigen können.

Der Weg, den Ihnen dieses Buch zeigt, orientiert sich am Prinzip des Verstehens. Je klarer Ihnen und Ihren Gesprächspartnern ist, was jeder wirklich will, desto leichter fällt es, einander sinnvolle und zufriedenstellende Vorschläge und Angebote zu machen. So handelt ein großer Teil dieses Buches von der Kunst, sich und andere Menschen besser zu verstehen. Es zeigt Ihnen insgesamt sieben Ebenen der Persönlichkeit und der Kommunikation. Auf jeder dieser Ebenen gilt es eine Brücke des Verstehens zu bauen, auf der man einander begegnen kann.

Je intensiver Sie Dialektik in diesem Sinn verstehen und praktizieren, desto nebensächlicher wird ihre technische Seite. Sie führt dann zu einer Lebenshaltung der Aufmerksamkeit. Daraus entsteht in Gesprächen eine Atmosphäre, in der Sie anderen Menschen sensibler und offener begegnen und in der Sie eine entsprechend vertrauensvolle Resonanz erhalten werden. Je besser das gelingt, desto weiter öffnen sich Türen und Wege zu gemeinsamen guten Lösungen. Solche (be)glückende und erfolgreiche Begegnungen mit anderen Menschen wünsche ich Ihnen.

Köln, im Juli 2008 *Winfried Prost*

Inhaltsverzeichnis

Einleitung

Vielleicht ist es Ihnen selbst schon so gegangen: Sie versuchen, einem nahestehenden Menschen etwas klarzumachen, und Ihre Botschaft kommt einfach nicht an. Jeder neue Anlauf stößt auf einen Abgrund eisigen Widerstands und Nichtverstehens. Sie finden einfach keinen Weg zueinander. Wenn das schon bei nahestehenden und sonst wohlmeinenden Menschen oft nicht gelingt, um wie viel schwerer fällt es da erst, fremde Menschen zu überzeugen. Und doch kommt jeder täglich in Situationen, in denen er von der Zustimmung und Unterstützung anderer Menschen abhängig ist. Insbesondere im Geschäftsleben treffen häufig Menschen aufeinander, die sich privat nichts zu sagen hätten. Geschäftliche Interessen oder hierarchische Verpflichtungen zwingen sie jedoch dazu, irgendwie miteinander zurechtzukommen. Wie erfreulich wäre es dann, wenn Sie durch Ihre Art von Kommunikation Brücken zu anderen Menschen bauen und eine Verbindung auch zwischen unterschiedlichen Charakteren und Interessen herstellen könnten.

Immer wenn wir in unseren Kommunikationsversuchen scheitern, stellt sich die Frage: Wie hätte dieses Scheitern vermieden oder in seinen Folgen gelindert werden können; wie hätte diese Kommunikationssituation anders angegangen werden müssen, um ein konstruktiveres Ergebnis zu erzielen?

Genau darauf gibt Ihnen dieses Buch Antworten. Es handelt von den vielfältigen Möglichkeiten, wie Sie mit Hilfe der Sprache Brücken zwischen Menschen bauen und Wege ebnen können. In diesem Buch lernen Sie eine sehr sensible und zugleich sehr kraftvolle Überzeugungslehre kennen, die in Ansätzen vor mehr als 2000 Jahren von Sokrates entwickelt worden ist und „Dialektik“ heißt.

Sokrates versuchte in Gesprächen die Meinungen seiner Gesprächspartner zu hinterfragen. Indem er sie vor allem durch Fragen zur Einsicht von Irrtümern führte, bewirkte er bei ihnen eine Änderung ihrer ursprünglichen Meinung zugunsten einer tieferen Wahrheitserkenntnis. Sokrates behauptete von sich und seiner Gesprächsführungskunst, er rede niemandem etwas ein, sondern er hole die Wahrheit mit „Hebammenkunst“ (seine Mutter war Hebamme) aus seinen Gesprächspartnern heraus. Er nannte seine Kunst „Dialektik“, das heißt in etymologisch sauberer Übersetzung: „Kunst des Durchschauens“.

Auf die Beziehung zwischen Menschen bezogen ist „Dialektik“ also nicht ein beliebiger Name für alles, was unter das Thema „Kommunikation“ fallen könnte, sondern die Anleitung zu einer bestimmten Art von Kommunikation. Ihr Ziel ist, die verschiedenen Wahrheitsebenen von Interessen, Gefühlen, Einstellungen und Motiven zu durchschauen, zu begreifen und in einen sinnvollen Bezug zueinander und zu den Wahrheiten der Sach- und Außenwelt zu bringen.

Der Anspruch der Dialektik ist umfassend und hoch: Verstehen. Es geht um Selbsterkenntnis, Fremderkenntnis und Welterkenntnis, die jenseits der Oberfläche das Ganze erfassen.

Schon von Aristoteles wurde die Dialektik teilweise auf eine Argumentationslogik reduziert, und in dieser verkürzten Form wurde sie durch die Jahrhunderte transportiert. Hier wird sie dagegen als eine Kunst gezeigt, die versucht, Menschen und Kommunikationsprozesse umfassend zu verstehen und zu begreifen. Dabei ist die Logik nur ein Aspekt auf einer von sieben Persönlichkeits- und Kommunikationsebenen.

1. Persönlichkeitsebenen und Ebenen der Kommunikation

Die Frage nach sich selbst und nach dem anderen sind existentielle Grundfragen. Letztlich müssen sie zwar immer individuell beantwortet werden; dennoch gibt es Grundstrukturen, die allen Menschen gemeinsam und für die Kommunikation bedeutsam sind. Sie sollen im folgenden Modell gezeigt werden. Es kann Ihnen helfen, die Abläufe in sich und in der Kommunikation mit anderen deutlicher wahrzunehmen und entsprechend sensibler und konstruktiver damit umzugehen.

Wie sehen also die Grundstrukturen des Menschen aus? Wenn Sie sich und andere Menschen betrachten, erkennen Sie schnell, dass Menschen „vielschichtige" Wesen sind. Aber was sind das für Schichten? Wie lassen sie sich unterscheiden und benennen? Den sieben Ebenen der Person, die Sie hier kennenlernen werden, entsprechen in der Kommunikation sieben Kommunikationsebenen. Im Verlauf dieses Buches erhalten Sie für jede Ebene die speziellen Werkzeuge der Dialektik.

Die Ebenen im Einzelnen:

Ebene 1: Lebensenergie und Identität

Die grundlegende Ebene im Menschen ist die Lebensenergie. Sie ist das Leben in uns und die Basis unseres Seins und Tuns. In physiologischer Sicht lässt sie unser Herz schlagen, zwingt uns zum Atmen, läßt uns wachsen und reifen und treibt uns zur Fortpflanzung. In psychischer Hinsicht veranlasst sie unser Streben nach Selbstverwirklichung. Sie gibt uns Antrieb und Kraft zu all unserem Leben und Handeln und stellt unsere Ur-Identität dar. Zugleich weist sie in einem doppelten Sinn über unsere Individualität hinaus:

- in zeitlicher Hinsicht auf die unendliche Fülle von Generationen, die vor uns kamen und die nach uns kommen,

- in existentieller Hinsicht auf eine kosmische Schöpfungskraft, die Leben ermöglicht.

Vielfach wird die Lebensenergie mit theologischen, philosophischen oder naturwissenschaftlichen Begriffen benannt. Viele religiöse Begriffe und Bildsymbole weisen auf sie hin. Als Grundpotential des körperlichen, seelischen und geistigen Seins des Menschen wird sie beispielsweise als der „göttliche Funke", als das „göttliche Licht im Innern des Menschen", als „Seele" oder „Selbst" bezeichnet. Solche Begriffe und Symbole machen darauf aufmerksam, dass wir mit dem Leben einen kostbaren Schatz besitzen. Oft sind wir uns dessen nicht bewusst, missachten sie und gehen mit dieser Quelle fahrlässig um. Wir setzen unser Leben kurz- oder langfristig aufs Spiel. Insbesondere sind wir uns kaum bewusst, dass wir auf der Ebene der Lebensenergie mit allen lebenden Wesen verbunden sind. Wenn wir von unseren Mitmenschen durch noch so tiefe Abgründe getrennt sind, so ist uns doch gemeinsam, dass wir das Leben als Geschenk in uns vorfinden und daraus alle Menschenrecht auf Leben, Freiheit und Selbstverwirklichung ableiten.

Ebene 2: Antriebe und Motivationen

Die nächste Ebene ist die erste, auf der sich dieses Energiepotential physisch und psychisch manifestiert. Die Lebensenergie äußert sich hier in Form von Impulsen. Hunger und Durst dienen etwa der individuellen Selbsterhaltung des Menschen. Lust auf sexuelle Befriedigung dient der kollektiven Arterhaltung. Andere Impulse treiben an, sich psychisch zu entfalten und sozial zu integrieren. Sie können sich als körperliche und geistige Wachstums- und Wandlungsimpulse äußern, die unser Leben entweder kontinuierlich begleiten oder die wie die Pubertät oder später vielleicht eine Midlife-Crisis schubartig auftreten. Es handelt sich auf dieser Ebene um unsere Antriebe und Bedürfnisse. Sie sind die Grundmotive unserer Handlungen. Maslow hat darauf hingewiesen, dass sie hierarchisch strukturiert sind und sie pyramidenförmig geordnet.

Ebene 3: Charakter und Grundeinstellungen

Die nächste Ebene ist eine Steuerungsebene. Den Impulsen, die von innen kommen, werden Regulative hinzugefügt. Es geht darum, die Antriebe und Bedürfnisse in das soziale Gefüge der Umwelt zu integrieren. Diese Funktion wird in erster Linie von den Eltern, Erziehern und dem näheren Umfeld übernommen. Sie beeinflussen mit ihren Einstellungen und mit ihrem Verhalten, welche seiner Antriebe ein junger Mensch wie leben kann. Dabei entwickeln sich in ihm Grundeinstellungen, die für sein ganzes weiteres Leben prägend sind. Je früher eine Grundeinstellung im Leben erworben wurde, desto nachhaltiger und schwerer zu ändern ist sie. Verbotenes wird mit Schuld-, Scham-, Angst,- und Minderwertigkeitsgefühlen sanktioniert oder als „Tabu” ausgeklammert. Gebote werden mit Gefühlen wie Lust, Sehnsucht und Ehrgeiz verbunden. So entstehen psychische Mechanismen, die das Verhalten eines Menschen meistens dauerhaft automatisch regulieren. Die Gesamtheit der Grundeinstellungen auf dieser Ebene macht den „Charakter“ einer Person aus.

Ebene 4: Emotionen und Beziehungen

Die Art, wie wir gelernt haben zu empfinden, wird zur Grundlage aller Beziehungen, die wir mit anderen Menschen aufnehmen. Wer Nähe als wärmend und nährend empfunden hat, wird sich in Nähe zu freundlichen Menschen entspannen können. Wer dagegen als Säugling und Kleinkind die Nähe anderer Menschen als bedrohlich erlebt hat, wird trotz Sehnsucht nach Wärme oft noch als Erwachsener Nähe zu anderen als bedrohlich empfinden und sich Menschen eher auf Abstand halten. Auf der Basis und im Rahmen unserer Prägungen bemühen wir uns, Beziehungen so zu gestalten, wie wir sie als angenehm empfinden, und dabei unangenehme Gefühle zu vermeiden. Das ist in Ordnung, wenn die Gefühle richtig „grundeingestellt“ sind. Anderenfalls kann die Ausrichtung an den eigenen Gefühlen auch gegen die eigene Person wirken: Wenn die in der Kindheit schützende Distanz später in einer Beziehung weiter aufrecht erhalten wird, kann die Beziehung daran scheitern. Ähnlich würde jemand, dem in seiner Kindheit devotes Verhalten Schutz geboten hat, sich mit gleichem Verhalten als Erwachsener eine Karriere verbauen können.

Der Verwirklichung und Entfaltung der eigenen Identität ist das hinderlich. Insofern ist immer wieder zu prüfen, wie man selbst und wie andere Beziehungen gefühlsmäßig erleben und gestalten. In der Kommunikation geht es auf dieser Ebene darum, Einfluss auf eigene und fremde Gefühlslagen zu nehmen und Beziehungen aktiv mit positiven Emotionen zu füllen.

Ebene 5: Intentionen und Interessen

Wenn das zuvor noch rein subjektiv-emotional getönte Streben weiter in Richtung Außenwelt drängt, werden daraus auf einer nächsten Ebene Intentionen und Interessen. Über das Gestalten der Beziehung zu anderen Menschen hinaus verfolgt man zugleich Absichten und Interessen, die zwar eine klare Richtung haben, aber hinsichtlich ihrer Realisierungsart noch unkonkret und offen sind. Man will beispielsweise etwas essen, ohne sich schon festgelegt zu haben, was genau. Man ist insofern noch offen für verschiedene Alternativen. Daher ist auf dieser Ebene in Verhandlungen oft der Hebel anzusetzen.

Ebene 6: Vernunft und Sachpositionen

Die Vernunft hat die Aufgabe und ist die Fähigkeit, die Interessen sachgerecht in der Außenwelt zu platzieren und zu realisieren. Sie muss zwischen den subjektiven inneren Bedürfnissen oder Interessen und den konkreten äußeren Realisierungsmöglichkeiten und -bedingungen vermitteln. Es geht also gewissermaßen um das „Know-how" für den Umgang mit der Außenwelt und das dafür notwendige sachgerechte und sachlogische Denken.

Ebene 7: Geist und Reflexion

Unser Geist befähigt uns zu Selbstreflexion und bewusster Selbststeuerung. Er ermöglicht es, die automatischen Steuerungsmechanismen der Grundeinstellungsebene zu überwinden und zu einem individuellen Selbstbewusstsein zu reifen. Das Ziel von Selbstreflexion und Selbstführung liegt in einer Harmonisierung aller Ebenen einer Person. In der Kommunikation geht es auf der Ebene des Geistes darum, alle Ebenen der beteiligten Personen miteinander zu harmonisieren und konstruktiv zusammenzuführen. Wenn es gelingt, alle Aspekte zu einer Ganzheit zu integrieren, findet eine Person oder eine Beziehung ihr Gleichgewicht.

Abbildung 1 zeigt das Modell der Persönlichkeit im Überblick. Da die Lebensenergie die Basis der Persönlichkeit ist, muss es von unten nach oben gelesen werden. Neben den Begriffen für die Persönlichkeitsebenen stehen jeweils Begriffe, die die Bedeutung dieser Ebene für die Kommunikation kennzeichnen.

Ebenen der Person	**Ebenen der Kommunikation**
Geist	Reflexion, Selbstbewusstsein, Selbstführung
Vernunft	Sachpositionen, Informationen, Argumentation
Intentionen	Interessen, Ziele, Zwecke
Emotionen	Beziehungen zu Personen und Sachverhalten
Charakter	Grundeinstellungen, Normen, Werte, Prinzipien
Antriebe	Motive, Motivationen, Bedürfnisse
Lebensenergie	Identität, Seele, Selbst

Abbildung 1: *Die Ebenen der Person und der Kommunikation (von unten nach oben zu lesen)*

Für eine positive Kommunikation sollten Sie versuchen, alle eigenen Ebenen und alle Ebenen des anderen so einzubeziehen, dass die Kommunikation auf allen Ebenen fließt und alle Ebenen in eine Problemlösung einbezogen sind. Dann können Sie hoffen, dass eine Vereinbarung dauerhaft und tragfähig sein wird. Ein Grundproblem in der zwischenmenschlichen Kommunikation liegt allerdings darin, dass vermutlich niemand mit sich selbst in Harmonie ist und dass wir darum auch nicht so leicht zu wirklicher Harmonie mit anderen kommen können.[1]

---

1 Mehr zu den Hintergründen und zur Ableitung dieses Modells finden Sie in meinem Buch „Führe dich selbst".

2. Dialektik heißt Durchschauen

Was man alles durchschauen kann

Wenn Sie ein schönes Gesicht sehen, kann es für Sie sofort seinen Reiz verlieren, wenn die Person mit einer unangenehmen Stimme zu sprechen beginnt. Auch bestimmte Gesichtsausdrücke können arrogant, ordinär oder auf andere Weise abstoßend wirken und eine erste sympathische Wirkung zerstören. Wenn Sie ein Auto kaufen, informieren Sie sich über die PS-Zahl. Wenn Sie einen Gebrauchtwagen kaufen, werden Sie prüfen, ob sich nicht hinter einer schönen Lackschicht gefährlicher Rost verbirgt, der das ganze Auto wertlos macht. Wenn Sie einen Schrank erwerben, möchten Sie vielleicht wissen, ob das schöne Holz massiv ist oder nur aus einer getarnten Spanplatte besteht. Wenn Sie sich einen neuen Pullover zulegen, wollen Sie wissen, ob es sich um reine Wolle handelt oder wie hoch der Anteil an Synthetik ist. Auch bei Rindfleisch möchten Sie gern wissen, ob es von einem gesunden Tier stammt. Schließlich können Sie den Rinderwahnsinnsvirus nicht sehen. Die Beispiele zeigen, dass es hinter den äußeren Erscheinungen oft mehr auf das ankommt, was dahinter liegt. Und das ist zunächst meistens unsichtbar.

Tagtäglich bemühen wir uns, Vordergründe zu hinterfragen. Wir versuchen zu durchschauen, was andere mit dem, was sie uns vorschlagen und anbieten, wirklich wollen. Wenn Sie sich nur auf den äußeren Anschein und den ersten Eindruck verlassen, fallen Sie im täglichen Leben oft herein. Um diese Gefahr zu verringern, wurde eine „Lehre vom Durchschauen" entwickelt: die *Dialektik.*

Dieser Anspruch des „Durchschauens“ kann sowohl auf physische, soziale, historische, logische als auch psychische Bereiche bezogen werden. Dabei zeigt sich, dass es jeweils unterschiedliche Betrachtungsebenen gibt:

Physisch entpuppt sich zum Beispiel ein Tisch als Gegenstand aus einem bestimmten Material. Dieses Material erweist sich auf einer nächsten Ebene als aus bestimmten chemischen Verbindungen bestehend. Diese bestehen auf einer weiteren Ebene aus Atomen, diese aus Elementarteilchen und diese, noch tiefer durchschaut, sind Manifestationen von Energie.

Sozial erweist sich ein Mensch auf einer Ebene als einzigartiges Individuum. Auf einer anderen als zu einer bestimmten Schicht und einer bestimmten Generation zugehörig. Er ist auf wieder einer anderen Ebene Rollenträger und übt privat und öffentlich Funktionen dieser Rollen aus.

> Die deutsche Bundeskanzlerin Angela Merkel ist in einer Hinsicht Frau. Zusätzlich ist sie durch ein protestantisches Elternhaus geprägt, Physikerin, stammt aus der DDR, war Friedensaktivistin in der DDR, diente lange unter Helmut Kohl unter anderem als Umweltministerin, ist CDU-Vorsitzende, Kanzlerin und Chefin einer großen Koalition. Wenn man versucht, ihr Handeln zu verstehen, kann man sich immer fragen: Aus welcher Rolle heraus agiert sie? Manches, was aus einer Rolle nicht verständlich wird, kann sich aus einer anderen leicht erklären lassen.

Historisch drückt sich in manchen Abläufen das geplante Verhalten von einzelnen Individuen aus. Vielfach wirkt die Geschichte aber in oberflächlicher Betrachtung auch nur als Aufeinanderfolge und Gleichzeitigkeit von zufälligen Ereignissen. In ihr können aber auch Manifestationen von Moden und Zeitgeist zum Ausdruck kommen oder wirtschaftliche Interessen sowie Rivalitäten und Machtkämpfe verschiedenen Parteien, Gesellschaftsschichten oder Kulturen.

> In diesem Sinn hat der amerikanische Präsident George W. Bush in seiner Politik sowohl persönliche Minderwertigkeitsgefühle ausgelebt als auch die Verletztheit und Wut einer am 11. September 2001 in ihrem Selbstwertgefühl schwer verletzten Nation ausgedrückt und dabei zugleich die Interessen von Rüstungs- und Ölkonzernen bedient.

Logisch lässt sich eine Aussage oder Aussagenfolge auf ihre innere Folgerichtigkeit oder Fehlschlüssigkeit durchschauen. Es gibt meistens logische Implikationen, die nicht ausgesprochen werden, aber durch deren Aufdeckung sich eine Schlussfolgerung als falsch erweisen kann: „Wir müssen Mitarbeiter entlassen, weil unser Ertrag gesunken ist", impliziert logisch die Aussage: „Immer wenn unser Ertrag gesunken ist, müssen wir Mitarbeiter entlassen." Das kann richtig sein, ist es aber nicht zwingend. Erstens kann es immer Ertragsschwankungen geben, die unwesentlich sind. Zweitens hängt die Höhe des Ertrages von den Investitionen, die gemacht wurden ab und drittens könnte es auch Situationen geben, in denen eine antizyklische Personalpolitik angebracht ist. Die Schlussfolgerung, dass Mitarbeiter entlassen werden müssen, ist also nicht zwingend und in logischer Hinsicht unsinnig.

Auch die *Sprache* lässt sich auf ihre Hintergründe und ihren Sinn durchschauen. Worte enthüllen dann, dass sie nicht nur Namen für Gegenstände sind, sondern immer auch eine tiefere Bedeutung haben:[2]

> Die Katze müsste korrekt eigentlich „Kratze" heißen. Sie arbeitet auch mit der „Tatze. Der Hund dagegen agiert stärker mit dem „Mund". Die Eule ist in Wirklichkeit die „Heule", die Schlange ist die „Lange", das Lamm ist „lahm" so wie das Schaf eher „schlaff" ist, und in „Falke" steckt „fallen" drin.
>
> „Spieß" kommt von „spitz", „Lanze" von „lang", „Schwert" von „schwer" und „Blatt" von „platt".
>
> Im Wort „Balkon" steckt der „Balken", der den Balkon trägt. Im englischen Wort „Wall" steckt das deutsche Wort „Wall". Das deutsche Wort „Wand" deutet auf die gewundenen Flechtwerke in den Gefachen der Fachwerkbauweise hin. Entsprechend ist ein „Gewand" (wie der indische Sari) ein um den Körper „gewundenes" Kleidungsstück.
>
> Hinter dem Wort „Geld" steckt das Wort „Gold", eine alte Form des Geldes, und mit „Geld" hängt „Geltung" zusammen. Aus der Zeit, als der Lohn noch in Gold bezahlt wurde, stammt die Anwendung „Sold" und davon leitet sich wiederum „Soldat" oder „Söldner" ab.

---

2 Mehr dazu finden Sie in meinem Büchlein „Glasperlenspiele".

„Reich“ ist der, dem „reicht“, was er hat. „Erfolg” ist das, was auf eine Leistung „erfolgt“.

Das Wort „Mensch“ weist durch seine lautliche Verbindung auf einen Zusammenhang mit dem lateinischen Wort „mens“ = „Geist“, „Verstand“ hin. Es ist verbunden mit dem englischen Wort „man“, wobei im Wort für Frau „woman“ im Sinn von „Womb-man” (womb = Bauch) die Schwangerschaft schon sprachlich visualisiert ist.

Im Wort „Kommunikation“ finden sich die lateinischen Bestandteile: „cum“ und „unio“, es bedeutet also „Verbindung zur Einheit“.

Der Anspruch des Durchschauens zieht sich seit Jahrtausenden durch die verschiedenen Künste, Lehren und Wissenschaften. Sie entstehen durch die Auswahl eines jeweiligen Betrachtungs- beziehungsweise Realitätsbereichs:

Aristoteles wandte die Kunst des Durchschauens vor allem in logischer Hinsicht an. Er analysierte, mittels welcher Schlussfolgerungsmethoden man aus zwei wahren Prämissen wahre Schlüsse ziehen kann. Vermutlich als erster formulierte er die Gesetze des logischen Schließens.

Theologen versuchen das Wirken Gottes in der Welt zu durchschauen.

Nikolaus Kopernikus schaute mit dem ersten Fernglas ins Universum und versuchte dessen Wesen und Gesetze zu durchschauen.

Georg Friedrich Hegel versuchte die in der Geschichte wirkenden Gesetze zu durchschauen.

Karl Marx interessierte sich vor allem für die sozialen und historischen Aspekte und versuchte in dieser Hinsicht durchzuschauen.

Naturwissenschaftler versuchen, die physische Dimension der Dinge zu durchschauen. Dafür haben sie sich Mikroskope und Teleskope als Werkzeuge geschaffen.

Mit dem *Fernsehen* versuchen wir durch die ganze Welt zu schauen.

In all diesen Bemühungen ist die dialektische Grundtechnik des Dialogs als Methode des Erkenntnisfortschritts enthalten: Einer These wird eine Antithese entgegengesetzt. Indem man beide auf die dahinter liegenden Interessen, Ansprüche und Motive hinterfragt und durchschaut, lassen sich gemeinsame Lösungen finden. Diese nennt man Synthese.

Da es keine Endlösungen gibt, wird jede Synthese irgendwann wieder auf eine Gegenthese treffen und das Durchschauen und die Suche nach Lösungen geht auf einem anderen Niveau weiter. Dieses Wechselspiel abzubrechen würde jeden Erkenntnisfortschritt beenden und zu einer Erstarrung führen, der meist ein blinder Glaube an tote Dogmen folgt.

Dialektik, Wahrheit und Manipulation

Vom Standpunkt der verschiedenen Ebenen aus sind unterschiedliche Betrachtungsweisen zulässig und notwendig. Auf jeder Ebene gibt es gewissermaßen eine eigene Wahrheit. Umgekehrt kann man sagen: die Wahrheit hat verschiedene Ebenen. Diese Wahrheitsaspekte müssen aber nicht in Rivalität zueinander treten. Jeder einzelne Wahrheitsaspekt muss lediglich durch alle „wahren Einsichten" aus den anderen Ebenen ergänzt werden. Wenn eine Vollständigkeit im Wesentlichen erreicht wird, gelangt die Wahrheit zu ihrer Fülle und Ganzheit. Ein Beispiel:

> Es mag zutreffen, dass ein deutscher Minister bei einem Staatsbesuch in den Vereinigten Staaten von Amerika dreihundert Gramm Kaviar gegessen und zum Sauerkraut Champagner getrunken hat. Diese Meldung wäre zwar wahr, aber unvollständig, wenn er zugleich in mehreren Verhandlungsmarathons erreicht hat, dass Importbeschränkungen für deutsche Produkte aufgehoben wurden. Während der erste Aspekt den Minister eher nachteilig erscheinen ließe, würde ihn der andere als erfolgreichen Politiker darstellen. Wenn man allerdings weiter berücksichtigt, dass durch die Aufhebung der Importbeschränkungen für deutsche Waren Produkte anderer Staaten in den USA endgültig ihre Konkurrenzfähigkeit verlieren, und somit die Verelen-

> dung in diesen Ländern zunehmen wird, zeigt sich darin wieder ein weiterer Wahrheitsaspekt, der den deutschen Minister wieder in ein anderes Licht setzt. Weiter könnten dem unmittelbaren deutschen Nutzen mittelfristig politische Spannungen mit den betroffenen Staaten gegenüberstehen.

Faktisch werden oft einzelne Betrachtungsweisen absolut gesetzt und zur einzig richtigen erklärt. Daraus resultierten häufig Kampf und Streit zwischen ansonsten friedlichen Partnern. Insofern sollten Sie sorgfältig prüfen, ob wirklich alle Betrachtungsebenen und -aspekte zureichend berücksichtigt sind und zueinander in einem ausgewogenen Verhältnis stehen. Wie leicht man sich täuschen kann und sogar geneigt sein kann, auf eine vermeintliche Wahrheit zu schwören, zeigt das folgende Beispiel:

> Wenn Sie bereit wären, einen Eid darauf abzulegen, dass 1 + 1 = 2 ist, übersehen Sie dabei, dass diese Rechnung nur auf der logisch-mathematischen Sachebene gilt. Auf der Ebene der Lebensenergie ergibt 1 + 1 biologisch immer mehr als 2, und zwar (variierend nach Gattung und Art) zwischen 3 und mehrere Millionen.

So können Aussagen auf einer Ebene wahr, auf einer anderen aber falsch sein. Für jede Aussage muss also angegeben werden, auf welcher Ebene sie gilt. Da für viele aus früheren Zeiten überlieferte Aussagen diese Angabe fehlt, ist deren Wahrheit oft nicht überprüfbar. Viele Aussagen, die heutzutage allgemein als falsch oder überholt gelten, offenbaren ihre Wahrheit, wenn man die entsprechende Wahrheitsebene aufspürt.

Gemäß den dargelegten sieben Ebenen der Kommunikation muss es sich dabei um sieben Aspekte der Wahrheit handeln. Eine Aussage muss also in siebenfacher Hinsicht durchschaut und überprüft werden. Im vollen Sinn wahr ist sie erst, wenn sie die folgenden Ansprüche erfüllt.

- Auf der Reflexionsebene muss das Wesentliche vollständig ausgesagt werden (holistischer Aspekt).
- Auf der Sachebene muss eine Aussage sachgerecht und in sich widerspruchsfrei sein (logischer Aspekt).

- Auf der Intentionsebene müssen die Interessen der Sprecher klargelegt werden (intentionaler Aspekt).
- Auf der Beziehungsebene muss eine Aussage aufrichtig sein (emotionaler Aspekt).
- Auf der Grundeinstellungsebene muss eine Aussage auf den Verständnishorizont der Gesprächspartner eingestellt sein (sozialer Aspekt).
- Auf der Antriebsebene muss eine Aussage tatsächlich den angegebenen Motiven entspringen (psychologischer Aspekt).
- Auf der Ebene der Lebensenergie muss eine Aussage für „auf Dauer und im Ganzen" so konstruktiv angelegt sein, dass darin die Würde des Lebens geachtet ist und ein Sprecher persönlich die Verantwortung dafür tragen kann (ethischer Aspekt).

Diese Aspekte können als die sieben Wahrheitsebenen einer Aussage gelten. An einem Beispiel seien sie einzeln erläutert:

Holistischer Aspekt

Eine Armbanduhr mag defekt sein, aber deshalb muss sie nicht wertlos sein. Sie könnte leicht reparabel, aus Gold oder eine Rarität sein und zugleich einen ideellen Wert als persönliches Andenken haben. Auf die Frage: „Was ist von der Uhr zu halten?" wäre die Antwort: „Sie ist kaputt", zwar richtig, aber unvollständig und wäre geeignet, den Besitzer zur Abgabe unter Wert zu manipulieren. Man würde dann sagen, er wurde betrogen. Eine Aussage muss also vollständig sein. Vollständig kann aber nicht heißen, dass jeder Zahn jedes Zahnrades besprochen wird, sondern dass das Wesentliche „auf den Tisch" kommt. Selbst das mag im Antiquitätengeschäft, beim Uhrmacher oder im Leihhaus noch variieren. Als Maßstab mag gelten: Hätte der Besitzer der Uhr sich unter Aufdeckung eines zusätzlichen Aspektes anders verhalten oder nicht? Das Wort „Lüge" steht sprachlich im Zusammenhang mit „Lücke" und weist also auf das Problem der Unvollständigkeit hin.

Sachlogischer Aspekt

Ein Sprecher mag noch so aufrichtig sein, was nutzt es, wenn er irrt? Sachgerecht ist eine Aussage nur, wenn sie zutrifft. Es geht also darum, ob die Einschätzung: „Die Uhr ist kaputt" sachlich zutreffend ist oder nicht. Die Uhr könnte auch nur nicht aufgezogen sein oder wegen einer Verschmutzung nicht laufen. Die Schlüsse, die aus einer solchen Feststellung gezogen werden, können nun entweder logisch richtig oder falsch gezogen werden. Das heißt, die Maßnahmen einer Reparatur oder Reinigung der Uhr könnten in sich technisch sachgerecht sein oder eben nicht. Selbst logisch folgerichtige Schlüsse führen aber nur zu einer wahren Aussage, wenn die Basisaussage, auf der sie aufbauen, wahr ist. Sachgerechtigkeit und eine darauf aufbauend logische Folgerichtigkeit von Schlüssen sind demnach weitere Wahrheitskriterien auf dieser Ebene.

Intentionaler Aspekt

Dieser Aspekt bezieht sich darauf, dass jeder, der etwas sagt, damit einen Zweck verfolgt. Die Aussage eines Uhrmachers: „Die Uhr ist kaputt", könnte zum Beispiel den Zweck haben, die Uhr billig zu kaufen. In diesem Satz ist der Zweck allerdings nur verborgen enthalten. Je klarer der Uhrmacher sein spezielles Interesse am Kauf der Uhr formulieren würde, desto vollständiger kann der Besitzer die Situation einschätzen. Korrekter wäre also: „Die Uhr ist kaputt, lässt sich allerdings mit einem gewissen Aufwand reparieren. Aufgrund ihres Materials (Gold) und ihres Alters hat sie einen gewissen Sammlerwert. Wenn ich sie günstig kaufen könnte, wäre ich daran interessiert." Da es ein interesseloses Sprechen nicht gibt, gehört zur Wahrheit immer eine Mitteilung über die eigenen Intentionen und Interessen. Wenn sie verheimlicht werden, könnte ein Gesprächspartner das zurecht als Täuschung und Irreführung empfinden.

Emotionaler Aspekt

Während die beiden ersten Aspekte noch deutlich sachbezogen sind, vermittelt der intentionale Aspekt bereits zwischen Sachaspekten und persönlichen Aspekten. Beim emotionalen Aspekt geht es um Ehrlichkeit und Aufrichtigkeit. Dabei geht es um den Anspruch an einen Sprecher, dass er selbst glaubt, was er sagt, und dass er das, was er für wahr hält, auch wirklich sagt. Nur auf dieser Basis kann eine vertrauensvolle Beziehung zwischen Gesprächspartnern entstehen. Herrscht Vertrauen, so wäre auch eine irrige Sachmitteilung verzeihbar.

Sozialer Aspekt

Einem Kind wird der Uhrmacher mit anderen Worten eine Erklärung zur Uhr abgeben als einem erwachsenen Laien oder einem Uhrenspezialisten. Wahrheit muss immer im Zusammenhang mit einer angemessenen Verständlichkeit gesehen werden. Ein weiterer Aspekt der Angemessenheit ist folgender: Muss ein Uhrmacher, der die Wertlosigkeit einer Uhr auf dem ersten Blick erkennt, seinem Kunden, der sie als kostbares Erbstück von hohem ideellen und materiellen Wert erscheint, tatsächlich grob desillusionierend die Wahrheit über den tatsächlichen Wert sagen und ihm die Freude daran zerstören? Vermutlich würde man es für angemessener und sozial wahrer halten und akzeptieren, wenn er ihm verständnisvoll die Freude an der Uhr durch einige anerkennende Worte bewahrt. Wahrheit kann und sollte auch Rücksicht einschließen.

Psychologischer Aspekt

Der psychologische Aspekt liegt in der Betrachtung der Motive einer Person, die beispielsweise die betreffende Uhr kaufen will: Warum will er sie eigentlich kaufen? Weil er Uhren sammelt! – Aber warum sammelt er Uhren? Ist er sich darüber selber überhaupt klar? Seine Sammelwut deutet auf einen starken Antrieb, ein starkes psychisches Motiv, vermutlich ein Mangelgefühl hin. Ein Uhrenhändler könnte dieses Gefühl ausbeuten, indem er einem Kunden ständig und bis zu dessen Ruin neue Uhren anbietet und verkauft. Für den Kunden wäre es dagegen eine erhebliche Erleichterung, wenn er sich seiner Motive klar würde und sein Problem auf der Ebene löst, wo es seinen Ursprung hat. Dann bräuchte er keine Uhren mehr als Ersatzbefriedigung zu sammeln.

Ethischer Aspekt

Beim ethischen Aspekt geht es um die Verantwortbarkeit einer Aussage. Alle früheren Aspekte werden darin miteinander verbunden und gleichzeitig relativiert. Wenn man etwa als ethisches Grundpostulat formuliert, das Leben auf diesem Planeten sei auf Dauer und im Ganzen zu fördern und zu schützen, dann kann es um dieses Gutes willen sogar ethische Pflicht sein, auf einer anderen Ebene eine Falschaussage zu machen. Verkleinert auf unser Beispiel mit der Uhr könnte das heißen: Wenn ein herzkranker Mensch auf einer Auktion für 60 000 Euro eine angeblich kostbare Rarität ersteigert hat, könnte die Mitteilung des Uhrmachers, dass diese Uhr nicht einmal 100 Euro wert ist, bei dem Betreffenden einen tödlichen Schock auslösen. Der Uhrmacher könnte sich in dieser Hinsicht sittlich verpflichtet fühlen, zum Schutz der Gesundheit seines Kunden eine sachlich falsche Aussage zu machen oder sich unwissend zu stellen.

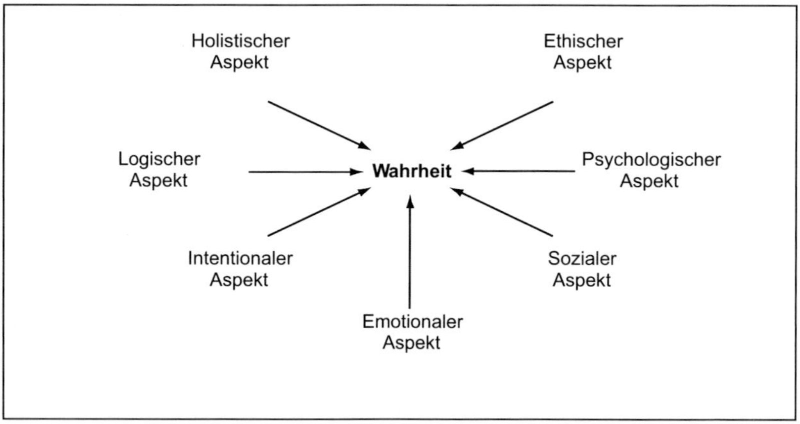

Abbildung 2: *Die sieben Aspekte der Wahrheit*

Wenn Sie in diesem Sinne Aussagen auf sieben Ebenen zu durchschauen versuchen, können Sie oft selbst hinter offenkundigen Unwahrheiten auf anderen Ebenen Wahrheiten erkennen. Umfassend wahr ist eine Aussage erst, wenn sie den Wahrheitsansprüchen aller sieben Ebenen genügt. Um das beurteilen zu können, ist vielfach erst ein ausführliches Hinterfragen und Ausloten erforderlich, bei dem zu prüfen ist, was mit einer Aussage auf welcher Ebene gemeint ist. Selten wird ein Satz selbst alle Ebenen zugleich offenbaren. Viele Anteile einer Botschaft kommen erst durch Tonfall, Mimik, Gestik und durch das Handeln zum Ausdruck.

Zum wirklichen und dauerhaften Überzeugen gehört, eigene Ziele mit allen Ebenen eines Gesprächspartners, also auch mit seinen inneren Bedürfnissen, Antrieben und Motiven zu verknüpfen und kompatibel zu machen.

Dialektik in der Gesprächsführung

In vielen Nachschlagewerken wird der Begriff *Dialektik* zur Bezeichnung der Kunst der „Gesprächsführung" verwandt. Das ist falsch und richtig zugleich. Falsch, wenn damit jede Art von Gesprächsführung gemeint wäre inklusiv dem in manchem Verkäufertraining praktizierten „Training" von festgelegten Antworten auf häufige Kundeneinwände, richtig, wenn damit der Anspruch des „Durchschauens" zum Prinzip dieser „Gesprächsführungskunst" erhoben wird.

Die Dialektik macht das „Durchschauen", das situations- und personengerechte Einfühlen in andere Menschen zur Methode des Gesprächs. Je besser Sie diese Kunst beherrschen, das heißt, je höher Ihre soziale und psychologische Kompetenz dabei ist, desto sachgerechter, überzeugender und erfolgreicher werden Sie Gesprächsergebnisse erarbeiten und Lösungen auf der Basis eines soliden Ausgleichs auf allen Persönlichkeitsebenen herstellen.

Diese Art der Gesprächsführung wäre einfach, wenn man durch andere Menschen und ihre Ebenen wie durch sieben hintereinander gestellte farbige aber klare Glasscheiben hindurchsehen könnte. Leider ist es ein zu hoher Anspruch, von anderen Menschen zu erwarten, dass sie alles, was sie innerlich bewegt, selbst klar analysieren und bewusst aussprechen können. Das Bemühen um ein hohes Maß an Selbsterkenntnis ist zwar eine wünschenswerte persönlichkeitsbildende Arbeit, kann aber nicht bei jedem vorausgesetzt werden. Einerseits dringen viele Impulse nicht bis ins Bewusstsein vor, andererseits sind den meisten Menschen ihre innerpsychischen Verhältnisse selbst keinesfalls klar. Das liegt daran, dass es in jedem Menschen eine Menge Antriebe gibt, die einander widersprechen oder miteinander rivalisieren. Ein Höchstmaß an Freiheit und ein Höchstmaß an Nähe sind kaum gleichzeitig zu erlangen. Hemmungslose Triebbefriedigung und gleichzeitig hohe äußere Anerkennung lassen sich ebenfalls selten konfliktfrei kombinieren. Hinzu kommen die auf der Grundeinstellungsebene verankerten Normen in Form von Ge- und Verboten. Sie richten sich größtenteils darauf, Antriebe zu unterdrücken oder Verhaltensweisen zur Pflicht zu erklären, zu denen man gerade keine Lust hat. Aber auch diese Normen können miteinander in Konflikt geraten: Wie will man seiner Frau gegenüber ein zuvorkommender Ehemann sein, wenn man ihr gleichzeitig eröffnen muss, dass man sich ab morgen zu einer längeren Dienstreise bereit erklärt hat? Und wie oft schließen Pflichten gegenüber Eltern, Ehepartner, Kindern und der Firma einander aus? Man gerät in Rollenkonflikte. Wenn dann noch Vorgesetzte Erwartungen an einen stellen, die den eigenen Triebbedürfnissen oder gar der eigenen Wahrhaftigkeitsnorm entgegenstehen, erhöht sich auch das innere Konfliktniveau. Gleichermaßen kann die Neugier eines engen Freundes mit den Treuepflichten gegenüber dem Arbeitgeber kollidieren, oder die Wünsche der Kinder das Streben der Eltern nach Selbstverwirklichung behindern.

So kann es also Konflikte auf und zwischen allen Ebenen geben. Wenn die Lebensenergie dadurch blockiert oder zerstreut wird, kann das zu Frustration und Depressionen führen und zum Auslöser von Krankheiten werden. In der Selbst- und Menschenführung kommt es darauf an, innere Konflikte bei sich und anderen auf das geringstmögliche Maß zu reduzieren.

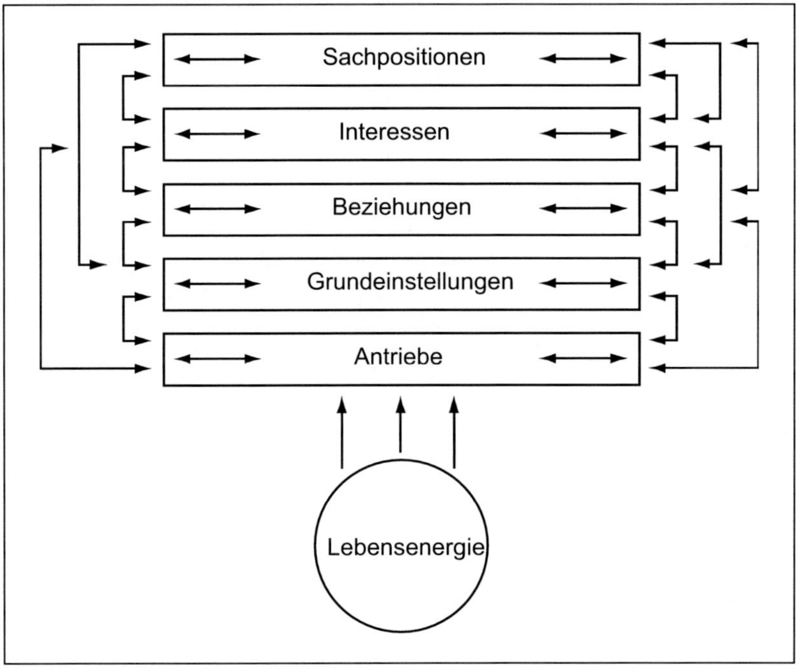

Abbildung 3: *Konfliktpotential in der Persönlichkeit*

Auch bei der Gesprächs- und Verhandlungsführung sollten Sie sich bewusst sein, dass Konflikte nur lösbar und Einigungen nur dann tragfähig sind, wenn sich darin eine Übereinstimmung auf möglichst vielen Ebenen ausdrückt. Häufig werden in Gesprächen Ergebnisse produziert, die nur eine offenkundige Übereinstimmung auf einer Ebene dokumentieren und übersehen, dass die Impulse aus den anderen Ebenen diese bald sprengen werden. Ein Mitarbeiter mag wegen einer kurzfristigen Anerkennung und Belohnung zu manchem bereit sein, wegen dem ihn anschließend Skrupel überkommen und Gewissensbisse plagen. Er wird das Zugesagte dann allenfalls mit halber Kraft oder gar nicht durchführen. Aus Abbildung 3 können Sie erkennen, dass selbst eine Übereinstimmung auf einer Ebene durch Entgegenstehendes auf derselben Ebene in ihrem Wert gemindert werden kann.

Es bleibt Ihnen also für gute Gesprächsergebnisse nur übrig, als die inneren Konflikte Ihrer Gesprächspartnern aufzuspüren und an deren Lösung mitzuarbeiten. Je mehr Ihr Gesprächspartner mit sich selbst im Reinen ist, desto tragfähiger können die Vereinbarungen mit ihm sein.

Gleiches gilt für die Menschenführung: Ein Chef, der in sich selbst zerrissen und widersprüchlich ist, wird auch widersprüchliche Anweisungen geben und damit zur Orientierungslosigkeit der Mitarbeiter beitragen. Er kann die Kraft seiner Mitarbeiter nicht bündeln, sondern zerstreut sie eher. Ein dialektisches erfolgreiches Herangehen verlangt also sowohl von Ihnen die Ordnung Ihrer eigenen Impulse und die Klärung Ihrer ganzen Wahrheit als auch die Unterstützung Ihrer Gesprächspartner im gleichen Bemühen.

3. Werkzeuge der Dialektik zum Durchschauen von Personen

Kommen wir nun zu den Werkzeugen des „Durchschauens“. Es lassen sich analytische und intuitive Mittel unterscheiden:

- Mit den *analytischen* Mitteln können Sie versuchen, Aussagen und Verhaltensweisen systematisch Ebene für Ebene zu betrachten, um dann Ihre Schlüsse daraus zu ziehen. Diese Mittel sind: *Hören, Fragen und Beobachten.*
- Beim *intuitiven* Ansatz können Sie dagegen versuchen, einen anderen Menschen mit seinen Äußerungen und seinem Wesen in einem Gesamtbild zu erfassen.

Der Erfolg beider Ansätze kann daran gemessen werden, ob die daraus abgeleiteten eigenen Verhaltensweisen zu einer konstruktiven Weiterentwicklung einer Kommunikationssituation beitragen.

Analytische Mittel des Durchschauens

Hören und Verstehen

Das, was ein anderer Mensch sagt, hat immer einen Sachaspekt. Aber nicht jeder, der über das Wetter spricht, meint nur das Wetter. Um zu verstehen, was eigentlich gemeint ist, können Sie die sieben Ebenen systematisch durchgehen und sich dabei beispielsweise folgende Fragen stellen:

- Was drückt eine Person dadurch aus, dass sie über dieses Thema spricht?
- Was will sie mir damit zu verstehen geben?
- Welche Intentionen drückt sie damit aus?

- Was drückt sich in ihrem Sprechen und Verhalten über ihre Einschätzung unserer Beziehung aus?
- Was drückt sie über ihren Charakter aus? Welche Stimmung wird erkennbar, welche Rollen spielt sie dabei, welches Rangverhältnis versucht sie dabei zwischen sich und anderen herzustellen?
- Welches innere Motiv, welche Sehnsucht oder welches Bedürfnis mag hinter ihrem Sprechen, Tun und ihrer Art stecken?
- Was drückt diese Person über den Grad ihres Selbstwertgefühls aus?

Wenn Sie nur Inhalte aufzunehmen und zu speichern versuchen, werden Sie schnell an die Grenzen Ihrer Speicherkapazität gelangen. Zudem werden Sie sich beim Unwesentlichen aufhalten. Sowohl Sympathie als auch Geltungsbedürfnis oder seelische Not lassen sich anhand jedes Themas ausdrücken. Die Komplexität und Mehrsichtigkeit auf mehreren Ebenen zeigen die folgenden Beispiele:

> Ein Kind, das eine kostbare Vase kaputt gemacht hat und seine Tat leugnet, hat auf der *Sachpositionsebene* gelogen. Seine Aussage ist unwahr. Ein Vater könnte daraufhin versuchen, dem Kind durch Prügel das Lügen abzugewöhnen. Auf der *Beziehungsebene* drückt das Kind aber eine „Beziehungswahrheit" aus, nämlich die, dass es sich nicht traut, seinem Vater die Sachwahrheit zu sagen. Es wird deutlich, dass Prügeln in dieser Hinsicht die Beziehungsstörung nur verschlimmern kann. Zugleich drückt das Kind sein *Interesse* aus, nicht bestraft zu werden. Auf der Ebene des *Selbstwertgefühls* drückt es zudem die Wahrheit aus, dass es sich nicht traut, trotz zerstörter Vase offen zu seinem eigenen Verhalten zu stehen. Seine Selbstsicherheit ist also gering. Auch hier können Schläge nur weiter destruktiv wirken. Hinsichtlich seiner *Grundeinstellung* drückt sich vielleicht Zerstörungswut bei dem Kind aus, die durch vielfache Frustration entstanden ist. Zuwendung, Verständnis und Liebe werden die besten Mittel sein, dem Kind zu einem positiven Selbstwertgefühl zu verhelfen und es zu Offenheit und Wahrheit zu ermutigen.
>
> Eine Frau, die zu einer Einzelberatung kam, erzählte die Geschichte ihres Lebens. Da sie bei ihren Urgroßeltern begann, benötigte sie gut sechs Stunden dafür. Selbstverständlich war ich als Berater nicht in

der Lage, alle Detailinformationen aufzunehmen und zu behalten. Deshalb konzentrierte ich mich auf das Wesentliche: Die Frau hatte ein immenses Bedürfnis, sich auszusprechen. Noch nie in ihrem Leben hatte jemand die ganze Geschichte ihres Leidens so ausführlich angehört. Als sie vom Tod ihrer Mutter sprach, der 19 Jahre zurücklag, kamen ihr die Tränen. Solange hatte sie die Trauer in sich aufgestaut. In ihrem ganzen Leben hatte sie über das Wesentliche schweigen müssen. Ihre allgemein bekannte Redseligkeit war Ausdruck des verzweifelten Drumherumredens. Ihre Knoten und Verwachsungen in Brust- und Bauchraum waren Ausdruck des in ihr hochkonzentriert abgelagerten Seelenmülls. Mit vielen erfolgreichen Aktivitäten hatte das sich minderwertig fühlende kleine Mädchen in ihr sich selbst und ihrer Umwelt jahrzehntelang bewiesen, wie groß und toll sie war. Als ich ihr schließlich mit einigen Sätzen zu erkennen gab, dass ich ihr Leid, ihren Schmerz und ihre Sehnsucht erkannt hatte, kamen ihr Tränen der Rührung, und sie bedankte sich sehr für das gute Gespräch. Sie fühlte sich verstanden und angenommen, und das allein tat ihr so wohl, dass weitere themenbezogene oder sachbezogene Ratschläge überflüssig waren.

Ein Elektrotechniker gab als Motiv für sein Studium an, dass ihn schon immer die festen Gesetze des unsichtbaren Bereichs interessiert hätten. Auf die Frage, was ihn daran fasziniere, sagte er, die Sicherheit und Stabilität dieser Gesetze. Überhaupt spiele der Aspekt der Sicherheit in seinem Leben eine große Rolle. Als er dann später erzählte, er sei Mitglied in einer strengen christlichen Sekte, zeigte sich, dass er auch dort „feste Gesetze im unsichtbaren Bereich“ kennengelernt hatte, die ihm Sicherheit gaben.

Ein sehr introvertierter Mann trug einen Pullover mit einer Sonne darauf, deren untere Hälfte abgedeckt war. Er erzählte von seinem Hobby: Aquaristik. Ihn fasziniere daran die ansonsten unsichtbare Welt unter Wasser. Es sei eine eigene Welt, die er gern betrachte und gestalte. Mir fiel die Parallele von Introversion (= sich bedeckt halten), halbe Sonne (= zur Hälfte bedeckt) und Hobby (= die Welt unter der Oberfläche) auf: es handelte sich immer um verdeckte Teile. Als er dann von seinem Beruf erzählte, passte auch das ins Bild. Er arbeitete daran, tragfähige Fortbewegungsmittel für die Oberseite des Wassers zu konstruieren, er war Schiffsbauer.

Jeder Mensch kämpft darum, sich im Leben zu behaupten. Deshalb sollten Sie sich immer wieder klarmachen, dass sich in jedem klagenden, schimpfenden, tobenden oder auch angreifenden Menschen dessen inneres verängstigtes Kind verzweifelt und sehnsüchtig nach Sonnenlicht und Liebe reckt. Gewähren Sie anderen Menschen dieses Recht und unterstützen Sie sie dabei, lösen sich oft viele vorgeschobene sachliche Hindernisse wie von alleine auf. Versuchen Sie daher, den anderen zu verstehen, damit er merkt, dass Sie sich um ihn bemühen. Für jeden ist wichtig und sehr leicht einzuschätzen, ob Sie für oder gegen ihn sind. Wenn Sie es schaffen, dem anderen klarzumachen, dass Sie trotz aller Meinungsverschiedenheiten immer auch seine Interessen mitbedenken und berücksichtigen, dann ist das die beste Voraussetzung, ihn zu überzeugen.

Verstehen ist mehr als nur Hören und Speichern. Verstehen verlangt vor allem helle Wachheit. Oft sind die Schlüssel zu anderen Menschen in winzigen und nebensächlich scheinenden Details verborgen. Ein Blick, eine Geste, ein Nebensatz, die Betonung eines Wortes oder eine scherzhaft klingende, aber klare Aussage, die man als Zuhörer normalerweise nicht ernst nimmt, kann der Schlüssel zu einer anderen Person sein. Gerade solche Kleinigkeiten sollten Sie – wie man es bei Zwergen im Märchen auch nicht tun sollte – nicht missachten. Übergangene Zwerge neigen dazu, sich zu rächen.

Ein Unternehmer stellte sich vor, indem er über sein Unternehmen und seine Familie sprach. Indem ich darauf achtete, wie viel Zeit, das heißt wie viel (Lebens-)Energie er auf die einzelnen Aspekte verwandte, kam ich einer Grundstruktur auf die Spur: Von 20 Minuten berichtete er zehn Minuten lang über sein Unternehmen, fünf Minuten über seinen Sohn, der das Unternehmen übernehmen sollte, je eine Minute über seine beiden Töchter und an letzter Stelle noch kurz über seine Frau, die allerdings seit einiger Zeit schwer krank war. Wie sich in der weiteren Analyse herausstellte, wirkte das Unternehmen erdrückend auf die ganze Familie. Der Sohn entzog sich der Überforderung schon längst durch Drogenkonsum. Die Frau arbeitete kräftig weiter mit, aber ihr Inneres produzierte zugleich eine Krankheit als Bremse. Da er selbst in seiner Frau und seinem Sohn vor allem Funktionsträger im Unternehmen sah, konnte er ihnen wenig von den Gefühlen geben, die solche Beziehungen warm, herzlich und glücklich machen. Seine Frau fühlte sich vernachlässigt und hatte bereits an Scheidung gedacht. Darüber, wie es ihm selbst ging, hatte der Unternehmer zu sprechen vergessen. Aber eigentlich deshalb war er ja gekommen. Mit meiner Frage, wie es ihm denn persönlich bei all dem gehe, trat ich eine Lawine los. Er käme nicht dazu darüber nachzudenken, aber eigentlich mache ihm seine Arbeit schon seit mehreren Jahren keinen Spaß mehr. Am liebsten würde er seine Firma verkaufen. Ich ermutigte ihn, seine eigenen Bedürfnisse ernst zu nehmen. Indem er es tat, stellte er fest, dass er jahrelang falschen Werten hinterher gelaufen war und an sich selbst und an seiner Familie vorbeigelebt hatte. Kurz darauf verunglückte sein überforderter Sohn tödlich und stieg so als erster aus der Firma und der Familienstruktur aus. Daraufhin verkaufte der Unternehmer seine Firma und verließ damit auch selbst ein Umfeld, das ihn und seine Familie überfordert hatte.

Eine junge Frau erklärte in einem Beratungsgespräch, sie wolle Schauspielerin werden. Auf die Frage, welche Rollen sie spielen wolle, schwärmte sie von Lady Macbeth, der blutigen Königin, und von Irma La Douce, einer kleinen Pariser Hure. Befragt nach ihrer Motivation erklärte sie, dass sie es als Einzelkind leid sei, ihre engen Rollen als gute Tochter und Schülerin zu spielen. Sie wollte sich selbst erproben und in einem geschützten Rahmen andere Rollen ausprobieren. Da kam ihr das Theater gerade recht, um relativ konfliktfrei in extreme Rollen zu schlüpfen. Indem ihr das klar wurde, brauchte sie nicht mehr an der Vorstellung festzuhalten, Schauspielerin zu werden, sondern sie entdeckte andere Entwicklungs- und Berufsmöglichkeiten. Sie entschied sich daraufhin für einen einjährigen Fremdsprachenaufenthalt im Ausland und konnte auch dort ihre alten Rollen hinter sich lassen und ohne die Aufsicht ihrer Eltern neue Rollen erproben.

Besonders interessante „Zwerge“ sind selbstproduzierte Fehlleistungen. Dabei entlädt sich die Spannung einer unteren Ebene und zerstört dabei für einen kurzen Moment die Oberfläche der zuvor dominanten Sachebene (Abbildung 4). Im Folgenden einige Beispiele für solche Fehlleistungen.

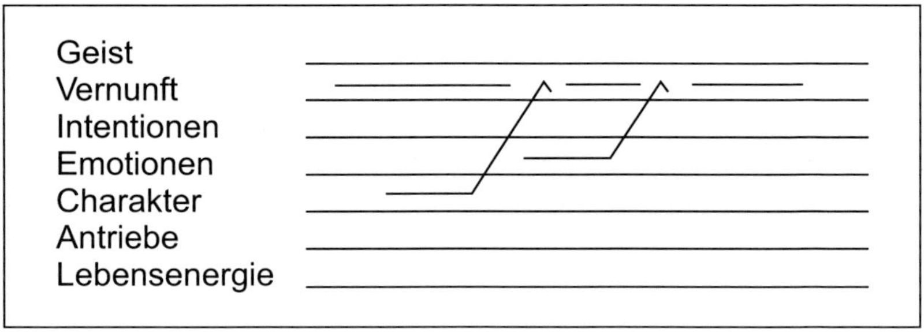

Abbildung 4: *Selbstproduzierte Fehlleistungen*

Jemand sagte bei einem Rhetorik-Seminar, dass er seine „Durchsexungskraft“ verstärken wolle – und sagte damit mehr, als er wollte.

Ein anderer sagte in beruflichem Zusammenhang, er sei „spermanent“ auf der Suche nach neuen Lösungen. Später stellte sich heraus, dass er privat daran litt, dass er seit sechs Jahren keine Beziehung hat.

Eine Frau, die vor kurzem von ihrem Mann verlassen worden war, machte allein eine Urlaubsreise. Auf einer Urlaubskarte geriet ihre Unterschrift durch eine kleine Zuckung beim Schreiben des Buchstaben „s“ zu „eure alleingereizte Anne“.

Ein anderer Gesprächspartner bezeichnete sich als sehr „verlä(t)zlich“. Es klang darin sowohl „verlässlich“ als auch „verletzlich“ an. Und in der Tat war Verlässlichkeit die Strategie, mit der er seine Verletzlichkeit schützte. Man brauchte ihn nie zu tadeln.

Bei einer Veranstaltung fragte ein Teilnehmer: „Wann machen wir denn eine Zigarettenpause? Immer, wenn mein Alkoholspiegel absinkt – Quatsch, mein Nikotinspiegel natürlich -, geht es mir nämlich nicht so gut.“

> Selbst den abgebrühtesten Propagandisten rutschen gelegentlich ungewollt Wahrheiten heraus: Josef Goebbels sagte in einer öffentlichen Rede: „Wir werden die Juden ausrott-schalten."
>
> Als der deutsche CDU-Bundeskanzler Helmut Kohl vor der Bundestagswahl 1990 nach seinem Verhältnis zur FDP gefragt wurde, antwortete er: „Ich bin zuversichtlich, dass wir miteinander untergehen – nein, natürlich, dass wir es schaffen."

Die zum *Verstehen* erforderliche *Wachheit* muss die Bereitschaft beinhalten, alles aufzunehmen und als Signal zu werten. Jedes Signal bedeutet etwas, auch wenn Sie es zunächst nicht verstehen. Viele Signale werden immer unverstanden bleiben. Aber Voraussetzung zum Verstehen ist, sie wahrzunehmen und zu hinterfragen. Der Alltagsverstand würde sie als zufällige Reaktionen oder Irrtümer abtun, ohne eine tiefere Veranlassung zu vermuten. In Wirklichkeit aber gibt es keine Zufälle, sondern nur nicht durchschaute und nicht verstandene Signale.

Aber auch das scheinbar Verstandene kann von Ebene zu Ebene wie ein Vexierbild umklappen. Im Gespräch kann das heißen: Hinter der Härte von Verhandlungspartnern erkennen Sie plötzlich die Angst eines verlassenen Kindes, einen geprügelten Hund, ein Häschen oder ein scheues Reh. Wenn Sie solche Ängste, die den anderen zum Abtauchen, zu Flucht, Härte, Sturheit oder Bockigkeit führen können, durch behutsame Aufmerksamkeit und Zuwendung geduldig abbauen, werden sich Ihnen plötzlich neue Chancen im Gespräch eröffnen. Eigene Härte oder offensives Gegenhalten würde die Angst des anderen nur verstärken und eine Situation negativ eskalieren.

Je mehr Sie solche Hintergründe verstehen, desto weniger werden Sie versuchen, anderen mit Sachargumenten zu beweisen, dass Sie im Recht und jene im Unrecht sind. Es liegt dann stattdessen näher, Strategien zu entwickeln, wie Sie Zuwendung geben und die Bedürfnisse und Motive Ihrer Partnern in eine für alle Seiten vorteilhafte Sachlösung einbeziehen können. In diesem Sinne werden Sie mit dialektischem Vorgehen nicht in erster Linie Verhandlungstechniken einsetzen, sondern Menschen vollständiger und besser verstehen.

Fragendes Erkunden und Ausloten

Wie können Sie herausbekommen, was Sie wissen wollen? Wie fragen Sie am besten, wenn Sie noch gar nicht wissen, was ein anderer weiß? Wie loten Sie aus, was jemand unausgesprochen denkt, fühlt und anstrebt? Wie können Sie gar mehr erkennen, als einer anderen Person selbst bewusst ist? Wie können sie so fragen, dass andere sich vertrauensvoll öffnen und Ihnen auch ihre verborgenen Gedanken und Neigungen offenbaren?

Die Kunst, andere Menschen richtig zu befragen, ist in ihrem Stellenwert kaum zu überschätzen. Lassen Sie uns deshalb einen Blick darauf werfen, welche Fehler man beim Fragen stellen machen kann und was Sie alles mit richtigem Fragen erreichen können.

Geschlossene Fragen – offene Fragen

Eine geschlossene Frage ist eine Frage, die nur mit „Ja" oder „Nein" beantwortet werden kann. Einer der häufigsten Fehler beim Fragen liegt darin, am falschen Platz eine geschlossene Frage zu stellen. Und die meisten Plätze sind dafür falsch.

Die Gefahren und Mängel geschlossener Fragen liegen in Folgendem:

1. Geschlossene Fragen bringen Ihnen wenig Information. Wie oft Sie auch scheinbar präzise fragen mögen: „Sind Sie in X geboren, in Y, in Z?, – mit tausend Fragen haben Sie nicht die Garantie, die gewünschte Information zu bekommen. Wenn Sie den Ort nicht kennen, erfahren Sie ihn mit dieser Frageart überhaupt nicht. Stattdessen können sie mit einer einzigen offenen Frage: „Wo sind Sie geboren?", die ganze Information bekommen.
2. Mit geschlossenen Fragen verlangen Sie eine Entscheidung.
3. Sie legen Gesprächspartner dadurch auf Positionen fest. Davon lösen sie sich dann schwerer als wenn Sie durch eine offene Frage eine solche Festlegung vermieden hätten.

4. Eine Serie von „Ja-Nein-Fragen“ wirkt auf Gesprächspartner eher erschreckend und verschließend als öffnend.

5. Mehrere geschlossene Fragen hintereinander können wie ein Verhör wirken.

6. Mit geschlossenen Fragen werden andere Menschen zu Bestätigern oder Nichtbestätigern eigener Gedanken degradiert. Einerseits haben Sie selbst die Mühe, sich alle Fragegegenstände auszudenken, andererseits überlassen Sie es der Bequemlichkeit der Befragten, einfach „Ja“ oder „Nein“ zu sagen.

7. Sie machen sich als Frager vom guten Willen eines Befragten abhängig und laufen Gefahr, mit einem simplen „Ja“ oder „Nein“ abgespeist zu werden. Vor lauter Fragestress verfängt man sich dann leicht in seinen eigenen Gedanken.

Wie fragen Sie also sinnvoller, um kostbare Anknüpfungsmöglichkeiten zu entdecken?

Um Gedanken, Gefühle, Einstellungen und Bedürfnisse anderer Menschen zu durchschauen, ist es vorteilhafter, vorwiegend „offene Fragen“ zu stellen. Das sind Fragen, die mit einem Fragewort beginnen und überwiegend nur mit ganzen Sätzen zu beantworten sind. Alle Fragewörte beginnen mit dem Buchstaben „W“.

Anstatt zu fragen: „Werden Sie die CDU wählen?“ und dadurch eine Entscheidung zu verlangen, fragen Sie besser nach dem inneren Einstellungsspektrum gegenüber dieser Partei: „Wie stehen Sie zur CDU?“

Während im ersten Fall bei einer inneren Neigung von 45 Prozent für und 55 Prozent gegen die CDU eine Entscheidung „Nein“ lauten würde, wird die Antwort auf eine offene Frage vermutlich beide Anteile der inneren Einstellung zeigen: „Eigentlich halte nicht viel von der CDU, weil ..., andererseits sehe ich bei der CDU auch diesen und jenen Vorteil.“ Damit erhalten Sie wertvolle Information darüber, worauf der andere Wert legt, und mit welchen Argumenten Sie die Aspekte seiner positiven Geneigtheit gegenüber der CDU eventuell verstärken können. Außerdem können Sie einschätzen, welche ablehnenden Gründe Sie vielleicht argumentativ überwinden können. Wenn Sie dann im Gespräch die Gewichte von 45 : 55 nach 52 : 48 verschieben können, wird sich hinsichtlich einer Entscheidung die Waagschale zur anderen Seite neigen. Oft bedarf es dafür gar nicht viel. Dann können Sie mit einer geschlossenen Frage die nun erwünschte Meinung zu einer Entscheidung führen.

Geschlossene Fragen ergeben nur an zwei Stellen einen Sinn:

1. als Vorfragen, um abzuklären, ob Gesprächspartner überhaupt für ein Thema oder Problem kompetent oder davon betroffen sind.
2. als zusammenfassende Bestätigungsfragen an das Ende von Gesprächen oder Gesprächsabschnitten, um definitiv zu klären, dass man einander richtig verstanden hat, und um Übereinkünfte festzuklopfen.

Offene Fragen führen häufig dazu, dass ein Befragter mit der Antwort zögert oder sagt: „Das ist eine gute Frage“, oder: „Das ist eine schwierige Frage.“ Viele Frager lassen sich dadurch aus der Ruhe bringen, bessern ihre Fragen nach oder fangen selbst wieder an zu reden. Sie wollen der Peinlichkeit einer Pause entgehen. Das Gegenteil ist richtig: Lassen Sie einem Befragten Zeit und warten Sie geduldig, bis er seinen Denkapparat in Bewegung setzt und irgendetwas aus seinem Inneren hervorkramt. Oft sind die Antworten überraschend und unvorhersehbar. Damit erhalten Sie das Kostbarste und Nützlichste überhaupt: Einblick in das Innenleben eines Menschen. Und wenn sich jemand innerlich in Bewegung setzt, ist das die beste Voraussetzung, ihn auch im übertragenen Sinn zu etwas zu bewegen und zu veranlassen. Oft bietet gerade das noch nicht zu Ende Gedachte die besten Anknüpfungspunkte für einen Überzeugungsprozess.

Vor einer speziellen offenen Frage möchte ich Sie allerdings warnen. Sie ist zwar die am häufigsten gestellte, führt aber an Menschen gestellt meistens nicht weit: Es geht um das Fragewort „warum“. Scheinbar führt es zur Aufdeckung von Gründen, die jemand für oder gegen etwas hat. Logisch betrachtet müsste man dann durch Argumentation über die Gründe Menschen beeinflussen können. Menschen sind aber keine logischen Wesen, sondern vor allem aus psychischen Ebenen motiviert. Und psychologisch veranlasst das Fragewort „warum“ Rechtfertigungen von

Verhaltensweisen. Es lenkt dadurch Gespräche oft in Sackgassen. Sie sollten daher beim Versuch, jemanden zu überzeugen oder seinen Widerstand zu überwinden, das Fragewort „warum" grundsätzlich meiden.

Die Frage „warum" können Sie sinnvollerweise nur auf Sachen bezogen stellen: „Warum geht das Fernsehgerät nicht?" Wenn Sie die Ursache dann finden und beheben, funktioniert das Gerät wieder. Bei Menschen führt die Frage: „Wozu willst du das?" weiter. Dadurch fragen Sie nämlich nach einem Ziel, und bekanntlich führen tausend Wege zum Ziel.

Was falsches Fragen ausmachen kann, zeigt das Beispiel eines Vorgesetzten und seiner Mitarbeiterin:

> Wenn er seine Mitarbeiterin fragt: „Ist das Schriftstück X fertig?" – „Nein, noch nicht." – „Ja, warum denn nicht?", wird er spätestens jetzt eine weniger freundliche Antwort bekommen: „Schließlich kann ich nicht alles auf einmal machen!" Seine eben noch gutgelaunte Mitarbeiterin hat sich in eine frustrierte verwandelt. Tausendmal so befragt, gerät die Mitarbeiterin, selbst wenn sie mit ihrer Arbeit fast fertig ist, jedes Mal in eine Rechtfertigungsposition. Darin kann sie sich nicht wohlfühlen. Besser wäre der Weg: „Wie steht es mit dem Schriftstück X?" – „Ja, das ist gleich fertig", oder: „Ja, da war noch eine Nachfrage notwendig, deshalb dauert das noch etwas." Selbst im ungünstigsten Fall braucht sich die Mitarbeiterin nicht zu verteidigen, sondern kann ihren Chef aufklärend informieren.

Ebenso falsch verläuft folgendes Gespräch:

> „Gehst du heute Abend mit mir ins Kino?" – „Nein." – „Ja, warum denn nicht?" – „Ja weil 1., 2. und 3. im Wege stehen." – Meistens geht es dann mit tadelnden Angriffen weiter: „Du hast mir aber doch versprochen, dass wir bald zusammen ins Kino gehen." Dann ist schnell ein Streit perfekt. Besser wäre es, das Gespräch auf folgende Weise zu eröffnen: „Was hältst Du davon, heute zusammen ins Kino zu gehen?" – „Mh, eigentlich geht das nicht, weil ich noch so viel zu tun habe. Lust hätte ich sonst schon." – „Wie könnte ich Dich denn überreden, trotzdem mitzukommen?" – „Ja, schwierig, ich weiß auch nicht, höchs-

tens wenn ich einen finde, der mir einen Teil der Arbeit abnimmt. Da müsste ich mal eine Kollegin anrufen." – „Ja toll, dann tu das doch. Ich wusste doch, dass dir noch was einfällt."

Im Alltag werden annähernd 90 Prozent aller Fragen geschlossen und nur 10 Prozent offen gestellt. Das ist nicht im Sinn der Frager. Im Durchschnitt sollte das Verhältnis umgekehrt sein. Übungen in Seminaren zeigen allerdings immer wieder, welche Schwierigkeiten damit verbunden sind. Selbst bei großem Bemühen und trotz bester Einsicht fallen die meisten Frager gegen ihren ausdrücklichen Willen immer wieder in geschlossene Fragen zurück. Das zeigt. wie tiefgreifend die inneren Prägungen sind. Sie lassen sich meistens erst durch einen gezielten und ausdauernden Übungsprozess verändern.

Ein weiterer Aspekt, auf den Sie beim Fragen achten sollten, ist der Tonfall. Vor allem muss der Eindruck eines Verhörs vermieden werden. Zu diesem Eindruck kommt es leicht, wenn ein Frager, der schließlich etwas erfahren will, in Fragen das Wort „denn" einbaut: „Wie oft haben Sie das denn schon Golf gespielt?" Das Wort „denn" wirkt bedrängend. Eine Frage sollte aber nicht als Vorstoß in die Intimsphäre anderer wirken, sondern als freundliches Angebot, sich zu äußern. Anstatt fragend zu bohren, erkundigen Sie sich lieber nach dem, was jemand bereit ist, Ihnen mitzuteilen. Anregender wirkt in diesem Sinn ein interessierter, leicht neugierig naiver Tonfall ohne „denn", aber vielleicht mit „eigentlich": „Wie oft haben Sie eigentlich schon Golf gespielt?" Wenn Sie dann selbst über Ihre eigenen Erfahrungen mit dem Golfen sprechen, ist es mit dem Gespräch bald zu Ende. Sagen Sie lieber: „Aha" und fahren mit einer nächsten Frage fort: „Und was für Erfahrungen haben Sie dabei gemacht?"

Die Richtungen der Fragewörter

Da es eine beträchtliche Zahl von Fragewörtern gibt, sollen hier die wesentlichen in ihren speziellen Funktionen vorgestellt werden:

Zunächst gibt es drei Dimensionen: die *Gegenstände* in *Raum* und *Zeit*. Danach fragen folgende Fragewörter:

- „Wer“ und „was“ fragen nach dem *Gegenstand*.
- „Wo“ fragt nach dem Ort im *Raum*.
- „Wann“ fragt nach der Einordnung in die *Zeit*.
- „Woher“ und „wohin“ fragt nach den *Richtungsvektoren*.

Außerdem hat alles, wie Aristoteles analysierte, vier *Ursachen*: eine Entstehungsursache, eine Materialursache, eine Formursache und eine Zielursache. Entsprechend gibt es vier Richtungen, in die man fragen kann. Für jede gibt es spezielle Fragewörter:

- „Warum“ fragt meist nach *Entstehungsgründen*, das heißt in die Vergangenheit.
- „Wozu“ fragt nach *Zielgründen* und Zwecken, das heißt in die Zukunft.
- „Wie“ fragt nach der *Formursache* und der Gestalt eines Verhalts.
- „Woraus“ fragt nach der *Materialursache*.

Fragt man beispielsweise bei einem Bleistift nach seinen vier Ursachen, so entdeckt man die folgenden:

- Entstehungsursache ist die Maschine, mit der er produziert wurde.
- Materialursache ist das Holz, das Graphit, der Klebstoff und der Lack, aus dem er besteht.
- Formursache ist die Idee, ihn als länglichen Stift und nicht birnenförmig herzustellen.
- Zielursache ist der Zweck, damit zu schreiben oder ihn zu verkaufen.

Nach verbreiteter Auffassung gilt in der Philosophie seit Aristoteles, dass alles diesen vier Ursachen unterworfen ist. Umso mehr verwundert es, dass die Frage nach der Zielursache in manchen Bereichen verboten oder zumindest verpönt ist: Als Entstehungsursache einer Grippe mag gelten, dass jemand sich bei einem anderen angesteckt hat. Die Materialursache ist der Virus und die Formursache das Krankheitsbild einer Grippe. Die Frage nach der Zielursache und dem Zweck der Grippe wird vielfach Befremden hervorrufen. Man betritt damit allerdings den Bereich der

Psychosomatik und könnte die Frage vertiefen: Was nutzt jemandem gerade jetzt seine Krankheit? Wozu will ihm sein Unterbewusstsein damit verhelfen? Welcher unterdrückte Wunsch oder welches verborgene Bedürfnis drückt sich darin aus?

Nur wenn Sie solche Fragen stellen, haben Sie die Chance, Antworten darauf zu finden und in diesem Beispiel vielleicht den psychosomatischen Aspekt einer Krankheit zu erkennen. Sie sollten den Mut zum Fragen aufbringen. Erinnern Sie sich an den Kinderspruch: „Wer, wie, was, warum, wer nicht fragt bleibt dumm!"

Fragesteuerung auf sieben Ebenen

Neben den Möglichkeiten, die Ihnen die einzelnen Frageworte selbst bieten, können Sie jede der sieben Persönlichkeits- und Kommunikationsebenen mit gezielten Fragen ansteuern und aktivieren. So können Sie sehr präzise bestimmen, wohin sich ein Gespräch bewegt. Wie das geht und welche Fragen dafür geeignet sind, erfahren Sie hier:

1. Die *Reflexionsebene* bedenkt das Ganze. Deshalb sind hier etwa Fragen angebracht, wie vollständig ein Konzept sei, was man eventuell noch übersehen habe, was noch fehlt, was man noch bedenken müsse, wie man die gesamte Problemstellung mit einer Lösung abdecken könne und worauf es im Wesentlichen ankomme. Auch Fragen nach dem Sinn gehören hierher.

2. Auf der *Sachpositionsebene* können Sie Sachverhalte klären, Informationen, Zahlen und Daten erfragen und Ursachen erkunden. Für diese Ebene reichen weitgehend die Frageworte selbst ohne weitere Zusätze aus: Wer, was, wann, wo, wie viele, welche, warum, wieso, weshalb, wofür, woraus etc.

3. Auf der *Interessenebene* werden Ziele und Zwecke erkundet. Dafür taugen die Frageworte: Wozu, wofür, worum, worauf. Selbst festgefahrene Gesprächssituationen lassen sich oft durch entsprechende Fragen klären und retten: „Worauf kommt es Ihnen an?" Oder: „Worum geht es Ihnen dabei?" – Wenn Sie sich über die Zwecke und Ab-

sichten eines Gesprächspartners klar sind, fällt es meistens leicht, mit ihm Strategien zu erarbeiten, um diese Ziele zu erreichen. Oft gelingt dies auf anderen Wegen, als sich ursprünglich beide vorgestellt hatten. Diese Fragen wirken auf Gespräche zentrierend.

4. Die meisten Gespräche bleiben auf der Sachebene hängen. Wenn es Ihnen nicht gelingt, auf die *Beziehungsebene* vorzudringen, bleiben Gespräche kühl und unpersönlich. Dabei ist der Weg auf die Beziehungsebene sehr einfach, wenn Sie ihn kennen. Sie brauchen nur nach der Haltung einer Person zu jemandem oder etwas zu fragen: „Wie stehen Sie zu ...?" „Wie empfinden Sie ...?" „Wie bewerten, beurteilen Sie ...?" „Wie schätzen Sie ... ein?" Mit dieser Art von Fragen drücken Sie dem Gesprächspartner gegenüber persönliche Wertschätzung aus. Das Klima in vielen Firmen und Familien würde sich rapide ändern, wenn anstatt: „Wer hat wie oft was warum kaputt gemacht?" gefragt würde: „Wie beurteilen Sie, dass das schon wieder kaputt ist und wie soll ich das bewerten? Was glauben Sie, wie ich das empfinde?"

5. Auf der *Grundeinstellungsebene* können Sie die Maßstäbe, Kriterien und Prinzipien, nach denen jemand etwas bewertet und beurteilt oder die Ansprüche, die jemand an etwas stellt erfragen. Das Urteil: „Das ist ein guter Mitarbeiter" ist als solches wertlos, wenn Sie nicht gleichzeitig erfahren, was der andere für gut hält. Wenn Sie auf die entsprechende Nachfrage die Auskunft erhalten: „Er ist pünktlich und widerspricht nicht", wissen Sie, was Sie von dem Urteil zu halten haben.

6. Auf der *Ebene der Antriebe* können Sie versuchen herauszufinden, was andere reizt oder fasziniert, was sie antreibt, was ihnen Spaß macht, wofür sie sich begeistern können, was sie veranlassen könnte, dies oder jenes zu tun, unter welchen Umständen sie etwas locken und was ihnen Lustgefühle vermitteln könnte.

7. Auf der *Ebene der Lebensenergie* geht es schließlich um das Ausloten von Begabungen und Neigungen, um die Frage, womit sich jemand persönlich identifiziert, was er in sich vorfindet, und worin er seine Ziele, den Sinn einer Tätigkeit oder die Aufgabe seines Lebens sieht.

Gerade auf dieser und den beiden Ebenen haben nur die wenigsten Menschen fertige Antworten parat. Insofern sind die Fragen hier mit besonders viel Geduld zu stellen. Die Frage: „Wie geht es Ihnen?“ ist auch eine Frage nach der allgemeinen Grundbefindlichkeit von Menschen und zielt damit auf die tiefste Ebene. So intim sie ist, so oberflächlich wird sie meist beantwortet. Oberflächlich zumindest, was den Sachgehalt einer Antwort betrifft: „Danke, gut.“ Aber gerade im Tonfall oder in den Variationen können Sie bei genauem Hinsehen oder Hinhören viele Signale entdecken. Bei manch einem werden Sie geradezu eine Rede-Lawine lostreten, wenn Sie in Bezug auf seinen gestressten Tonfall auf: „Danke, gut“ antworten: „Na, das hört sich aber gar nicht so gut an.“ Oder reflektieren Sie einmal nach dem bisher schon Gesagten die Antwort: „Ich kann nicht klagen!“ Es gibt in der Tat Menschen, die nicht klagen können und die nur gelernt haben, alles in sich hineinzufressen.

> Von einem Bürger der DDR, der bei einem Fluchtversuch ertappt wurde, wurde erzählt, er sei bei der Stasi verhört worden: „Sind Sie denn nicht zufrieden in unserem Arbeiter- und Bauernstaat? Wie ist es mit der Arbeitsstelle?“ – „Ich kann nicht klagen.“ Und wie ist es mit dem Privatleben?“ – „Ich kann nicht klagen.“ – „Ja und wie ist es mit Ihrem Verhältnis zur Partei?“ – „Ich kann nicht klagen.“ – „Ja, aber warum wollen Sie denn dann in den Westen?“ – „Ja eben, weil ich dort klagen kann!“

Zur besseren Übersicht hier noch einmal eine Liste der Frageworte beziehungsweise Fragearten für die jeweiligen Ebenen:

Ebene	Frageart
Reflexion	Was ist zur Vollständigkeit im Wesentlichen erforderlich? Was fehlt? Welcher Sinn liegt in ...?
Sachpositionen	Wer, was, wann, wo, wie, wie viele, welche, warum ...?
Interessen	Wozu, worum, wofür, worauf kommt es an? Welche Zwecke oder Intentionen?
Beziehung	Wie stehen Sie zu? Was meinen Sie? Wie beurteilen/empfinden Sie ...?
Charakter	Nach welchen Kriterien beurteilen Sie? Welche Maßstäbe legen Sie an ...?
Antriebe	Was bewegt/veranlasst Sie zu ...? Was reizt/fasziniert Sie daran?
Lebensenergie	Wie geht es Ihnen? Worin sehen Sie Ihre Begabungen, Neigungen, Ziele, Aufgaben und Ihren Lebenssinn?

Abbildung 5: *Die Fragen zu den einzelnen Ebenen*

Fragen zur Umgehung von Widerständen

Auch in brisanten Situationen eines Gesprächs kann die richtige Frage Wunder wirken. Wenn nichts mehr zu gehen scheint und Ihre Gesprächspartner sich auf Positionen festgebissen haben, können Sie mit folgender Fragestellung versuchen, das Gespräch noch einmal zu öffnen: „Unter welchen Umständen könnten Sie sich eventuell vorstellen, dass eine andere Lösung für Sie infrage käme?

Selbst wenn Ihre Gesprächspartner dann abwinken: „Überhaupt nicht!“, sollten Sie sich dadurch nicht entmutigen lassen. Erregte Gesprächspartner müssen im Moment erst einmal ihr Gesicht wahren und können deshalb oft nicht sofort auf einen Kompromiss einschwenken. Zudem mag sich niemand durch eine Antwort selber auf etwas festlegen lassen, was er später bereuen könnte. So sollten Sie geduldig und behutsam Ihre Frage wiederholen und sie noch weicher und unverbindlicher formulieren. Dabei könnten Sie einleiten, indem Sie das „überhaupt nicht“ umformulieren in: „Das heißt, Sie können sich da *im Moment* also nur schwer eine andere Lösung vorstellen.“ Sie können dann weiter fragen:

„Und was müsste sein, um doch vielleicht noch eine andere gemeinsame Lösung finden zu können? Unter welchen Umständen könnten Sie da vielleicht doch noch irgendwann einmal zu einer anderen Einschätzung kommen?“

Fast immer, wenn Sie eine solche Frage behutsam und mehrfach durch „vielleicht“ und „eventuell“ entschärft wiederholen, werden Sie „höchstens, wenn ...“ zur Antwort bekommen. Dass dabei dann ein höchst unrealistisches Szenario entworfen wird, muss Sie nicht erschrecken. Falls es heißt: „Höchstens, wenn Sie mir 100 000 Euro zusätzlich zahlen“, müssen sie das nicht auf der Sachpositionsebene für „bare Münze“ nehmen, sondern können es auf der Interessenebene abstrahieren und beispielsweise antworten: „Aha, das heißt, wenn Sie sich einen bedeutenden zusätzlichen Vorteil davon versprechen würden, würden Sie vielleicht weiter darüber nachdenken. Was könnte da unter Umständen für Sie vielleicht noch interessant sein?“ Und schon kann das Gespräch eine neue Perspektive gewinnen und wieder aus seiner Sackgasse herauszukommen. Wenn Sie im Konjunktiv und mit hypothetischen Formulierungen fragen, können Sie dabei die Denkrichtung Ihrer Gesprächspartnern erfahren, ohne ihnen das Gefühl zu vermitteln, sich festlegen zu müssen.

Es gilt also, sensibel auszuloten und auszukundschaften, unter welchen Bedingungen jemand zu etwas Bestimmtem bereit ist. Dann können Sie diese Bedingungen symbolisch verstehen und versuchen, Sie in irgendeiner Form zu befriedigen. Grundsätzlich können Sie davon ausgehen, dass fast jeder unter bestimmten Bedingungen zu fast allem bereit ist. Über die Bedingungen ist er sich aber meist selbst nicht klar, weil sie ihm entweder selbst nicht bewusst sind oder er sie für unrealistisch hält. Insofern liegt Ihre Chance darin, diese Bedingungen sorgfältig herauszufragen und auf die dahinterliegenden Interessen und Motive abzuklopfen. Dann können Sie als Frager immer noch entscheiden, ob Ihnen der Aufwand zur Erfüllung dieser Bedingungen angemessen scheint oder nicht.

Wenn Sie Widerstand vorausahnen, können Sie auch mit folgender Frage fortfahren: „Was muss ich tun, um Sie trotz Ihrer vermutlichen Bedenken davon zu überzeugen, dass Sie das und das tun?“

Fazit:

Fragen müssen gezielt und sorgfältig formuliert werden,

Fragen muss geübt werden,

Fragen lohnt!

Beobachten der nichtsprachlichen Signale

Während wir uns bisher auf die sprachlich vermittelten Informationen konzentriert haben, wenden wir uns jetzt dem über Worte hinausgehenden nonverbalen Verhalten zu. Dessen Verständnis eröffnet weitere Einblicke in die inneren Befindlichkeiten, Einstellungen und Prozesse anderer Menschen.

Sie können davon ausgehen, dass jeder inneren Haltung eine äußere Haltung und jeder inneren Einstellungsänderung eine äußere Stellungsänderung entspricht. Insofern hat alles Äußere Indizien- und Signalwert für Inneres. Die Kunst der Deutung liegt darin, nichts hinein zu interpretieren, sondern – meist durch mehrere Indizien legitimiert – heraus zu interpretieren. Dabei gibt es sowohl das Risiko, etwas falsch zu deuten, als auch das Risiko, Signale zu übersehen, sie nicht ernst zu nehmen oder als „zufällig" abzutun.

Körpersprachliche Signale dauern oft nur Sekundenbruchteile. Vielfach sind sie verkleinerte Kurzversionen von Gesten, die in ihrer originalen Großform (zum Beispiel in Zeitlupe) eindeutig wären. Manchmal drücken sie auch etwas symbolisch aus. Je mehr Signale Sie wahrnehmen, die einander entsprechen oder zueinander passen, desto zuverlässiger wird Ihre Deutung.

Zu unterscheiden ist zwischen Verhaltensgewohnheiten auf der einen Seite und situations- bzw. partnerbezogenem Verhalten auf der anderen Seite. Erstere sind für die persönlichkeitsanalytische Betrachtung (Charakterebene – „Menschenkenntnis") interessant, letztere für die Situationsanalyse. Beide werden spontan und unbewusst gesendet und empfangen. Empfänger verarbeiten diese Signale normalerweise intuitiv zu Gefühlen des Vertrauens oder Misstrauens, der Sympathie oder Antipathie. Je mehr Sie sich Ihrer eigenen Gefühlsresonanz auf andere Menschen bewusst werden und sich im eigenen Verhalten daran orientieren, desto richtiger werden Sie liegen.

Nun sind wir uns unserer Gefühle oft nicht sicher. Deshalb kann eine analytische Betrachtung von nonverbalen Körpersignalen sowohl die eigene Fremd- und Selbstwahrnehmung aktiv schärfen als auch mehr Sicherheit hinsichtlich der eigenen Gefühlswahrnehmung vermitteln.

Da entwicklungsgeschichtlich der Körperausdruck mit dem wirklich Gemeinten ursprünglicher verbunden ist als die menschheitsgeschichtlich viel jüngere Wortsprache, können Sie davon ausgehen, dass körpersprachliche Signale für die Glaubwürdigkeit eines Menschen höher zu bewerten sind als seine Wortaussagen.

Selbst zu Erkenntnis seiner eigenen „wahren" Motive kann die körpersprachliche Selbstbeobachtung ein Hilfsmittel sein. Sie brauchen nur einmal zu vergleichen, was Sie denken und was Ihr Körper ausdrückt.

Besonderer Hinweischarakter kommt dabei eigenem (beziehungsweise bei anderen deren) „Fehlverhalten" zu. Das können die bereits erwähnten sprachlichen Fehlleistungen sein, aber auch spontane Irrtümer, selbstgesteuerte „Unfälle" oder Krankheiten. Dabei schlagen jeweils besonders stark mit psychischer Energie besetzte Inhalte tieferer Ebenen plötzlich auf eine höhere Ebene durch und verändern deren Ablauf. Meist sind diese Veränderungen sinnvoll und können wertvolle Hinweise zum tieferen Personenverständnis geben. Da solche „Fehler" eine vordergründig geplante Aktion stören, werden sie meist als unerwünscht empfunden und ignoriert oder weggeschoben. Viele sogenannte Konzentrationsschwächen sind in Wirklichkeit Hinweise darauf, dass der Gegenstand der Konzentration von einer tieferen Ebene aus betrachtet als unwichtig und nebensächlich bewertet wird. Die Person wird durch die vermeintliche Konzentrationsschwäche aufgefordert, sich auf etwas zu besinnen, was innerlich momentan von größerer Bedeutung ist.

Der psychische Zweck von Fehlverhalten liegt darin, eine nach außen handelnde Person in ihrer Mitte zu halten und sie notfalls auch mit Gewalt (etwa durch Misslingen von beabsichtigtem Verhalten oder durch Schmerzen) wieder in ihre Mitte zurückzuholen. Dieser Mechanismus funktioniert erstaunlich gut. Er lässt sich auch auf dic Formel bringen: An dem, was dir nicht gelingt, kannst du erkennen, was dein Inneres nicht will. Oder auf einen Mitarbeiter bezogen: An dem, was ihm nicht gelingt, kann sein Chef erkennen, wofür er nicht motiviert ist.

Bei der analytischen Beobachtung nonverbalen Ausdrucksverhaltens können Sie auf Mimik, Gestik, Blickkontakt, eingenommene Distanzen, den Atemrhythmus, den Klang der Stimme, chronische und aktuelle Körperhaltungen sowie auf Körpersymptome und Krankheiten achten.

Als Bewertungskriterien für die Deutung können Sie dabei die Geschwindigkeit, den Grad an Sicherheit und Bestimmtheit, den Grad an Offenheit bzw. Verschlossenheit, die Übereinstimmung oder Nichtübereinstimmung von Worten und Handlungen, den Zeitpunkt von Veränderungen, die Variation von Distanzen, die Situationsangemessenheit sowie den Symbolwert von körpersprachlichen Zeichen verwenden.

Einige Aspekte sollen nun gesondert betrachtet werden.

Mimik und Gestik (aktueller Ausdruck)

Mimik und Gestik bestehen aus einzelnen Zeichen oder Zeichenfolgen, die selbstständig oder als Begleitmusik zu Worten und Aktionen gesendet werden. Dabei ballen sich oft verschiedene Ausdrucksebenen zu einem kompakten Signal zusammen. Die Kunst liegt darin, sie wahrzunehmen, zu unterscheiden und zu verstehen. Alle Persönlichkeits- bzw. Kommunikationsebenen können in einer einzigen Geste gleichzeitig enthalten sein. Es wäre also vorschnell, eine Geste allein einer Ebene zuzuschreiben. Wie Sie die von den Ebenen ausgehenden Impulse voneinander unterscheiden können, zeigt Abbildung 6, die wieder am besten von unten nach oben zu lesen ist:

Ebene	Ausdrucksart
Reflexion	nachdenkliche, um Ruhe, Abstand und Überblick bemühte Gesten
Sachpositionen Vernunft	Gesten, die das Gesagte darstellen, Gesten, die die logische Struktur eines Zusammenhangs verdeutlichen
Interessen Intention	Gesten, die das Gemeinte ausdrücken, interpretierende Gesten
Beziehung Emotionen	Signale, die Nähe oder Distanz ausdrücken, Ausdruck von Gefühlen
Charakter	Gesten, die das Temperament ausdrücken: Lockerheit oder Verspanntheit, chronische Körperhaltung, Krankheiten
Antriebe	Ausdruck von Motivationsgrad, Engagement, Selbstsicherheit oder Unsicherheit – am Intensitätsgrad ablesbar.
Lebensenergie	Ausdruck von Lebensfreude, Vitalität, Begeisterung, persönlicher Betroffenheit

Abbildung 6: *Ausdrucksebenen der Gestik*

Die meisten Gesten sind situativ oder personentypisch. Sie lassen sich nicht aus sich selbst heraus deuten, sondern nur aus ihrem Zusammenhang. Meist lassen sich zwei oder drei parallele bzw. analoge Signale zeitnah, das heißt innerhalb weniger Sekunden feststellen. Sie zusammen können erst eine bestimmte Deutung rechtfertigen. Es gibt aber auch einige wenige Gesten, die zumindest in unserem Kulturraum universell und aus sich selbst heraus deutbar sind. Sie kommen bei vielen Menschen vor und bedeuten immer wieder annähernd dasselbe. Hier einige Beispiele solcher Gesten:

> Gesten, bei denen die Nasenspitze oder der Nasenrücken mit den Fingern berührt werden, heißen in etwa so viel wie: „Fass dich an die eigene Nasenspitze", „das geht mich persönlich an." Sie deuten also auf persönliche Betroffenheit hin.
>
> Gesten, bei denen mit einem Finger quer unter der Nase entlang gefahren wird, lassen sich am besten übersetzen mit: „Rotze, das gefällt mir nicht."

Wenn sich jemand mit einem oder zwei Fingern über ein oder beide Nasenlöcher streicht oder sie (dabei) kurz (vielleicht nur eine Zehntel Sekunde) zuhält, dann bedeutet das: „Mir stinkt's.“

Wer sich die Augen wischt, deutet entweder darauf hin, dass er etwas nicht versteht und klarer sehen will, oder aber dass ihm etwas „ins Auge gegangen“, also unangenehm ist.

Wer sich über den Mund wischt, wischt sich etwas weg. Vielleicht hat er zu viel gesagt, oder er verkneift sich eine Äußerung. Jedenfalls ist ihm etwas unangenehm.

Wer sich den Mund leckt, hat dagegen eine Süßigkeit gekostet, also etwas Angenehmes erlebt. Davon zu unterscheiden ist kurzfristiges Zungeherausstrecken. Selbst sonst wohlerzogenen Damen und Herren passiert das, insbesondere wenn sie sich Angriffen gegenüber wehrlos fühlen. Es bedeutet im Klartext: „Leck mich doch!“ Wie all die anderen Signale ist auch das Zungeherausstrecken so kurz, dass es von zehn ungeschulten Beobachtern meistens keiner bewusst wahrnimmt. Erst wenn ich es mit Video vorführe und darauf aufmerksam mache, glauben sie es.

Das Zuspitzen des Mundes drückt aus, dass etwas auf Distanz geschoben wird. Das kann ein bewunderndes Pfeifen sein, aber auch eine schlichte Negation. Den Unterschied sieht man meist am dazugehörigen Blick.

Eine häufige Geste ist auch das Wegwischen eines meist nicht vorhandenen Stäubchens von Ärmel, Rock oder Hosenbein. Wenn es vorhanden ist, erleichtert es natürlich die Geste und bietet einen willkommenen Anlass. Die Geste deutet darauf hin, dass der Betreffende etwas Unangenehmes von sich fernhalten will, im Sinne von: „Damit will ich nichts zu tun haben.“

Aufmerksam zu sein lohnt auch, wenn jemand beim „Ja“-sagen gleichzeitig mit dem Gesäß auf seinem Stuhl negierend hin und her rutscht oder sich mit seinem ganzen Stuhl nach hinten verdrückt und distanziert. Er meint dann nämlich „nein“. Häufig wird eine vordergründige Annäherung damit kompensiert und aufgehoben.

Sowohl während ein Gesprächspartner spricht als auch während er zuhört können Sie ziemlich eindeutig aus plötzlichen Abbruch des Blickkontakts auf eine Unaufrichtigkeit oder Nichtzustimmung schließen. Das gilt insbesondere, wenn er den Blick nach unten senkt oder zur Seite hin ausschwenkt.

Aus dem Wegdrehen des Kopfes aus der Beziehungsrichtung können Sie jeweils auf eine momentane Beziehungsstörung schließen. Das hört sich gleich so schlimm an. Es heißt aber nicht, dass eine Beziehung gerade dabei ist, in die Brüche zu gehen; es geht mehr darum, festzustellen, wann ein Gesprächspartner noch zuhört, oder, wenn er selbst spricht, wann er noch den Eindruck hat, anzukommen.

Signale der Sprechbereitschaft beziehungsweise des Unterdrückens von herausdrängenden Äußerungen und Emotionen sind ebenfalls beachtenswert. Sie deuten darauf hin, dass der Gesprächspartner mit etwas anderem beschäftigt ist als zuzuhören. Es lohnt sich dann nicht weiter zu sprechen. Man spricht gegen Wände. Solche Signale sind zum Beispiel wiederholte unterbrochene Sprechversuche, zusammengepresste Lippen, oder ein starres Gesicht mit leicht geöffnetem Mund.

Zusammengekniffene Augen deuten auf Skepsis und Anspannung hin. Schaut jemand aus den Augenwinkeln, so lauert er auf etwas.

Eine gerade Versteifung der Finger bedeutet meist Abwehr, das Zusammenziehen der Finger zu einer Faust Festhalten, im verstärkten Maß kann es Hinweis auf unterdrückte Wut sein. Anspannung und Aufgeregtheit oder Entspannung kann man gut an den Fingern beobachten.

Das Verschränken von Armen und Beinen deutet auf ein inneres sich Verschließen hin, das Öffnen auf innere Aufgeschlossenheit.

Bei übereinander geschlagenen Beinen gilt das Zuwenden des Fußes als Zuwendung, das Wegwenden als Abwendung. Nach meinen Beobachtungen stimmt diese Deutung jeweils im Moment einer Haltungsveränderung. Danach kann sich die Stimmung eines Gesprächs durchaus ändern, ohne dass sich eine solche Haltung sofort anpasst. Wenn sie dann aber nach einigen Minuten geändert wird, können Sie daraus etwas über die dann aktuelle Stimmung der betreffenden Person entnehmen.

Über die speziellen einzelnen Gesten hinaus sind einige bedeutsame *allgemeine und grundsätzliche Aspekte* zu bedenken:

- Innerhalb einer grobmotorischen Gesamtgestik lässt sich eine Mikrogestik finden, die sich oft in ihren Details in Sekundenbruchteilen abspielt. Gerade diese Mikrogesten sind aber die wichtigsten Indizien für das, was sich bei anderen abspielt. Der größte Irrtum wäre die Annahme, dass irgendetwas in der Körpersprache zufällig wäre. Gehen Sie davon aus, dass alles seinen Sinn hat, dass Sie es allenfalls nicht verstehen und deuten können.
- Eingenommene Haltungen verlieren mit ihrer Dauer an Wert hinsichtlich ihres Signalgehalts. Sie sind in dem Moment am aussagekräftigsten, in dem sie zuerst eingenommen werden.
- Unaufrichtigkeiten und Lügen führen bei fast allen Menschen zu gegenläufigen Köpersignalen. Die unteren und unbewussten Ebenen distanzieren sich körpersprachlich von den mit dem Verstand erzeugten Worten. Also auch seitens der Körpersprache gilt: Lügen haben kurze Beine.
- Die meisten Gesten sind unbewusst gesteuert und werden vom Sprecher selbst nicht oder nur kaum registriert. Viele dieser Gesten sind Symbole. Sie illustrieren das, was jemand sagt, in einer konkreten Anschaulichkeit: Jemand, der davon erzählte, er habe eine schwere Aufgabe übernommen, beugte dabei Kopf und Schultern vor und hob eine geballte Faust in Schulterhöhe. Er bot das Bild eines Mannes, der einen schweren Sack auf der Schulter trägt. Er war sich dieser Geste überhaupt nicht bewusst und lachte zusammen mit den anderen darüber, als er seine Bewegung auf Video sah. Das Unterbewusstsein hat eine sehr plastische Symbolik, die oft verblüffend einfach und einleuchtend, ja sogar humorvoll ist.

- Interessant ist auch eine Betrachtung, die über die einzelne Geste hinausgeht. Wenn Sie darauf achten, wie viel von dem Raum, den jemand mit seinen Armen ringsum erreichen könnte, er während eines Gesprächs oder einer Rede tatsächlich in Anspruch nimmt, können Sie daraus den Grad seiner inneren Beteiligung und seines Engagements ablesen. Eine Gestik, bei der nur die Hände, aber nicht die Arme bewegt werden, füllt nur circa fünf Prozent des möglichen Raumes aus. Zwar werden sich die Hände nicht ständig in den Extrembereichen des möglichen Spektrums aufhalten – die höchste Aufenthaltswahrscheinlichkeit ist mittig etwas oberhalb des Bauchnabels –, aber im Laufe eines engagierten Gesprächs werden normalerweise auch die extremeren Bereiche berührt werden.
- Analoges gilt für das Spektrum der Stimme. Wie viel von seinen Möglichkeiten schöpft ein Sprecher aus? Einerseits ist die Variationsbreite zwischen laut und leise ein guter Indikator, andererseits auch der Bereich, aus dem die Stimme heraus tönt: Kommt sie aus dem Bauchbereich, Brustbereich oder Hals-Kopfbereich? Die Stimme vieler Intellektueller sitzt beispielsweise im Hals-Kopfbereich fest. Wen wundert's? Sie wirkt schmächtig und wenig durchdringend. Man spricht dagegen vom „Brustton der Überzeugung" und drückt damit zugleich eine positive Wertung aus. Je nachdem, aus welcher Persönlichkeitsebene heraus man spricht, klingt die Stimme tatsächlich anders. Bei einem Weisen, der aus innerer Ruhe und Gelassenheit spricht, können Sie sich keine verklemmte Fistelstimme vorstellen. Er wird gelassen aus dem Bauch heraus sprechen und man wird das vermutlich als besonders intensiv und glaubwürdig empfinden. Sie brauchen also nur auf den Klang der Stimme eines Menschen zu achten, um zu erkennen, wie auf und richtig (= aufrichtig) er spricht und aus welcher Persönlichkeitsebene er sich Ihnen zuwendet. Doch auch hier ist Sorgfalt angeraten:
- Ich lernte einen Mann kennen, der als „Guru" auftrat, und der mit voller tiefer Bauchstimme sprach und durchaus eindrucksvoll war, ohne mich jedoch überzeugen zu können. Irgendetwas an ihm war falsch und künstlich. Mir fiel auf, dass er *nur* ganz tief und würdevoll sprach. Das war zu dick aufgetragen. Schließlich stellte sich heraus, dass er Alkoholiker war und seit Jahren Schulden auftürmte.

Es geht also nicht um eine tiefe Stimme, sondern darum, dass die Stimme frei ist und sich zwischen Kopf und Bauch locker und lebendig bewegt. Bei den meisten Menschen ist das Spektrum im unteren Bereich verschlossen und entwicklungsbedürftig. Es geht also um eine Vertiefung nach innen.

- Ein weiterer Aspekt beim Betrachtung von Gestik ist der Abstand, den Menschen um sich herum schaffen und die Distanzwünsche, die sie ausdrücken. Hinsichtlich eingenommener Distanzen sind die meisten Menschen hoch sensibel. Man wünscht sich nicht zu viel Nähe, findet den, der einem zu viel Distanz zumutet aber auch wieder zu arrogant. Es ist oft schwer, dass zwei Menschen sich auf einer für beide angenehmen und wünschenswerten Entfernung begegnen und finden. Selbst in Ehen und sonstigen Liebesbeziehungen sind ungelöste Nähe-Distanz-Konflikte oft Grund für jahrelange Probleme oder schließlich auch eine Trennung. Das Bedürfnis nach Nähe kann beispielsweise zu einer Annäherung bis zu einem Punkt führen, an dem man zurückgestoßen wird. Der Schmerz darüber führt zu einem jähen Rückzug, der den Partner wieder veranlasst, mehr Nähe anzubieten oder zu fordern. In öffentlichen Gesprächssituationen mit relativ fremden Menschen können Sie von Durchschnittsdistanzen ausgehen. Stehend kommt man einem Fremden im Gespräch kaum näher als 80 Zentimeter. Man wird sich aber auch kaum weiter als 1,20 Meter entfernen. Im Sitzen ist die „normale“ Distanz dann etwa zischen 1,50 Meter und zwei Meter. Immer wieder beobachte ich, dass in Gesprächen, insbesondere in Zweiergesprächen, die Distanzen konsequent von beiden Seiten gleichzeitig und parallel gestaltet werden: Entweder beide beugen sich zueinander, oder beide wenden sich voneinander ab, oder der eingenommene Abstand wird eingehalten, indem sich einer zurückbeugt, wenn der andere sich vorbeugt. Der zeitliche Abstand zwischen den Bewegungen der beiden, also zwischen Reiz und Reaktion liegt meist während eines gesamten Gesprächs im Bereich zwischen einer halben und eineinhalb Sekunden. Es lohnt sich also, auf das Distanzverhalten anderer Menschen zu achten und daran ihre Beziehungswünsche und ihre Reaktionen auf Vorschläge abzulesen.

- Gestik kann situativ ausgelöst sein oder aus Gewohnheiten resultieren. Interessant ist zu beobachten, wie stark eine Situation sein muss, um gewohnheitstypisches Verhalten zu durchbrechen: Wie lange bleibt jemand cool und gelassen, und ab welchem Härte- oder Süßigkeitsgrad zeigt er seine innere Bewegung? Bleiben seine Reaktionen monoton und starr oder reagiert er flexibel? Starrheit deutet auf die Dominanz von inneren Grundeinstellungen hin, Flexibilität auf eine Offenheit gegenüber einer Situation beziehungsweise einem Partner.

Physiognomik (chronischer Ausdruck)

Eine sich gewohnheitsmäßig und chronisch wiederholende Mimik schlägt sich im Lauf der Zeit in den Gesichtszügen nieder. Insofern lässt sich der Ausdruck und die Gestalt des Gesichts mit seinen Zügen, sowie die Gestalt und Haltung des ganzen Körpers ebenfalls als Körpersprache deuten. Der Körper ist ein zentrales Medium des Selbstausdrucks von Menschen. Sie können daraus viel über die psychische Struktur einer Person ablesen.

Schon während der Schwangerschaft und in den ersten drei Lebensjahren findet eine erhebliche Persönlichkeitsprägung statt, die in ihrer Bedeutung kaum zu überschätzen ist. Die Grundmuster von Einstellungen zum Leben, zu sich selbst, zu anderen und zu bestimmten Situationen werden in dieser Zeit festgelegt und auch im Körper gespeichert. Das geschieht insbesondere im Spannungsgrad bestimmter Muskelpartien. Sie wirken auf das Wachstum bestimmter Knochenpartien bremsend oder dehnend und dadurch können psychische Grundmuster in der Gesamtgestalt sichtbar werden. Dass sich darüber hinaus im späteren Leben durch Wiederholung oder Unterlassung bestimmter Verhaltensweisen die dazu benötigten Muskel- und Körperpartien stärker oder schwächer ausbilden, gilt für die Gesichtsmuskeln genauso, wie es beispielsweise für die Oberschenkelmuskulatur aus dem Bodybuilding bekannt ist.

Entsprechend den Themen der sieben Persönlichkeitsebenen lassen sich jeder Ebene bestimmte Empfindungen und körperliche Regionen zuordnen. Dass man sich manches zu Herzen nimmt, dass einem anderes auf den Magen oder die Galle schlägt, man wieder anderes im Kopf nicht aushält, sind Redensarten, die auch von diesem Wissen zeugen.

Nun möchten Sie vielleicht wissen, welche Körperregionen mit welchen psychischen Themen und Einstellungen zu tun haben. Eine Übersicht dazu finden Sie im Abschnitt über Psychosomatik.

Eine weitere Möglichkeit, ein genaueres Verständnis für einen bestimmten Menschen zu gewinnen, ist, dessen Gesichtsausdruck oder Körperhaltung zu imitieren. Wenn Sie dieselbe Haltung einnehmen und bei sich selbst auf das Gefühl achten, das dabei entsteht, können Sie sich in andere hineinfühlen. Mit hoher Wahrscheinlichkeit entspricht Ihr Gefühl dem Gefühl oder der geistig-seelischen Grundeinstellung der imitierten Person. So können Sie aus der äußeren Gestalt eines Menschen durchaus auf sein Inneres schließen.

Psychosomatik (Parallelität des Ausdrucks von Psyche und Körper)

Wenn Sie Krankheiten als Sprache des Körpers betrachten, ist das ein sinnvoller Ansatz, sie zu verstehen. Sie sind meistens symbolische Manifestationen von unbewussten lebensfeindlichen Einstellungen. Jedes Organ und jede Körperpartie hat wie schon gesagt eine eigene psychische

Dimension und weist symbolisch auf die Einstellungen, die sich in er Krankheit manifestieren, hin. Entsprechend lassen sich daraus auch Maßnahmen ableiten, um wieder gesund zu werden.

Interessanterweise lässt sich ein Modell der indischen Philosophie und Heilkunde mit dem hier dargestellten Persönlichkeitsmodell kombinieren: Den sieben Ebenen der Person und ihren psychischen Bedeutungen entsprechen dort sieben Chakras, die an sieben Körperzentren und zwar an sieben Hauptdrüsen lokalisiert sind. Von dort wird die umliegende Körperregion mit ihren Organen regiert. Deren Funktion wird im unmittelbaren Zusammenhang mit den ihnen zugeordneten psychischen Funktionen gesehen. So lässt sich von der erkrankten Region direkt auf eine bestimmte seelische Problematik zurückschließen. In einer groben Übersicht sieht der Zusammenhang so aus:

Ebenen der Person	Zugeordnete Drüse	Psychische Aufgabe
Geist	Zirbeldrüse	Integration von Gegensätzen
Vernunft	Hypothalamus	klare Einsicht
Intention (Intuition)	Schilddrüse	Kreativität, sich ausdrücken
Emotion	Thymusdrüse	Verzeihen, Liebe
Charakter	Bauchspeicheldrüse	Integration in eine Gemeinschaft
Antriebe	Geschlechtsdrüsen	Sich durchsetzen, Sich behaupten
Lebensenergie	Adrenalindrüsen	Sich annehmen, das Leben lieben

Abbildung 7: *Körperliche und seelische Entsprechung der Ebenen*

Diese Zusammenhänge lassen sich noch weiter auf einzelne Organe und Körperteile konkretisieren, sodass jedes Symptom sehr speziell gedeutet werden kann. Vor allem in Einzelberatungen arbeite ich seit vielen Jahren erfolgreich mit diesen Analogien und kann berichten, dass die körperlichen Symptome einen hohen Diagnosewert hinsichtlich psychischer Probleme haben. Wird das entsprechende Problem gelöst, verschwinden die körperlichen Symptome oft überraschend schnell.

Abbildung 8 kann nur einen ersten Hinweischarakter haben und nur einen sehr allgemeinen Überblick geben. Im Einzelfall können die Zusammenhänge auch anders sein, das müsste man individuell klären. Dennoch kann die Übersicht Sie versuchsweise anregen, Bezüge zwischen körperlichen Symptom und einem Mangel beziehungsweise einem Ungleichgewicht in einer entsprechenden psychischen Hinsicht herzustellen:

Körperregion	Psychische Bedeutung
Kopf:	
Stirn	Selbsterkenntnis, ganzheitliche Sicht der Dinge und der eigenen Person
Augen	Wahrnehmung der Anforderungen des Lebens
rechtes Auge	Wille
linkes Auge	Emotionalität
Ohren	Aufnehmen, Hören der Welt
Nase, Atemwege	Austausch mit der Welt
Mund	physischer Kontakt mit der Welt, Aufnahmefähigkeit
Zähne	Fähigkeit, sich durchzubeißen und Entscheidungen zu treffen
Hals:	
Nacken	Flexibilität / Sturheit, Hartnäckigkeit
Stimme	Durchsetzungsfähigkeit
Brust:	
Lungen	Austausch mit der Welt, Angst, Beklemmung, Freiheit
Herz	Beziehungsfähigkeit, Emotionalität
Kreislauf	innerer Kreislauf, inneres Gleichgewicht
Bluthochdruck	unter Druck stehen
rechter Arm	männlich-technisches Gestalten
linker Arm	weiblich-emotionales Aufnehmen
Oberbauch:	
Solarplexus	Kommunikation
Magen	Verdauung der Erlebnisse
Leber	Entgiftung von Ärger
Galle	Wut, Enttäuschung
Bauchspeicheldrüse	sauer sein
Unterbauch:	
Darm	Verdauung der Erlebnisse Aufnehmen und Integrieren

Körperregion	Psychische Bedeutung
Nieren	Entgiftung, Loslassen
Geschlechtsorgane	Bezug zur Lebensenergie
After	Festhalten / Loslassen
Beine	Standfestigkeit im Leben
Knie	Beweglichkeit
Füße	Standfestigkeit im Leben, Erdung
außerdem:	
Haut	Grenze zur Außenwelt
Allergien	Abgrenzungsprobleme
Rücken	Rückhalt im Leben
Wirbelsäule	Selbstbehauptung im Leben, aufrechte Haltung im Leben, gebeugt sein, gebrochen sein
Knochen	innere Stabilität, Struktur
Verkalkung	Rigidität, Erstarrung

Abbildung 8: *Die psychische Bedeutung einzelner Körperteile*[3]

Intuitive Mittel des Durchschauens

Eine ganz andere Herangehensweise beim Durchschauen von Menschen ist der Intuitive Weg. Dabei wird nicht Ebene für Ebene analysiert, sondern eine Gesamtaufnahme von einer anderen Person gemacht. Die folgenden intuitive Methoden können insofern die analytischen ergänzen, als mit ihnen die Wahrnehmungen auf den einzelnen Ebenen noch einmal zu einer Gesamtwahrnehmung zusammengefügt wird. So zutreffend analytische Erkenntnisse sind, so besteht doch immer die Gefahr, dass Aspekte übersehen oder überbewertet werden. Bei der intuitiven Betrachtung werden dagegen die Detailaspekte zugunsten eines Gesamtbildes

3 Ausführlicher habe ich über psychosomatische Zusammenhänge in meinem Buch „Lexikon körperlicher und psychischer Symptome” geschrieben.

außer Acht gelassen. Weil dabei unsichtbare Ebenen mit einbezogen werden, ist sie für eine tiefergehende „Menschenkenntnis" besonders wichtig.

Auf dem intuitiven Weg ist es hilfreich, mit Symbolen zu arbeiten. Symbole sind Mittel, um Unsichtbares begreifbar zu machen. Leider haben wir den bewussten Umgang mit Symbolen nirgends ausdrücklich gelernt. Deshalb sind sich die meisten Menschen unsicher, wie sie damit arbeiten sollen. Die folgenden Anleitungen zeigen Ihnen Methoden, die sich vielfach bewährt haben und deren Tauglichkeit ich in vielen Gruppen geprüft und erfahren habe.

Mentale Visualisierung

Bei den Methoden der inneren Visualisierung geht es darum, sich von der rationalen Ebene zu verabschieden und sich per Intuition ein symbolisches Bild von einem anderen Menschen aufzurufen. Zwei Möglichkeiten möchte ich Ihnen vorstellen:

Symbolische Bilder

Diese Methode können Sie am erfolgreichsten in entspanntem Zustand anwenden. Stellen Sie sich bezüglich einer Person die Frage: „Wenn dieser Mensch ein Tier wäre, welches Tier wäre er?" Wenn Sie dann darauf achten, was für ein Tierbild Ihnen einfällt, unklar und neblig oder als plötzlicher Gedankenblitz, dann sollten Sie dieses Bild nicht als „zufälligen" Einfall abtun, sondern ernst nehmen und einmal genauer betrachten. Aus meiner Arbeit mit Gruppen weiß ich, dass bei dieser Fragestellung bezüglich einer Person meistens mehrere Teilnehmer dasselbe Bild produzieren. Und scheinbar unterschiedliche Bilder erweisen sich bei weiterer Betrachtung oft als analog. Mit der Aufgabenstellung an die Gruppe, sich auf ein gemeinsames Bild bezüglich einer Person zu einigen, hat es teilweise sehr überraschende Ergebnisse gegeben:

Einmal einigte sich eine Runde darauf, einem Gruppenmitglied das Bild eines Uhus zuzuordnen. Als wir dem das Ergebnis mitteilten, berichtete er uns ziemlich überrascht, dass er so schon vor 20 Jahren von seinen Geschwistern mit Spitznamen benannt worden sei.

Ein Ehepaar aus Hamburg nahm getrennt an zwei verschiedenen Seminaren teil. Dennoch erhielten beide von unterschiedlichen Gruppen annähernd dasselbe Bild zugeordnet. Er wurde als „kühler Diamant des Nordens" beschrieben und sie als „Lichtpunkt im hohen Norden".

Nach einem Seminar, bei dem jemand von der Gruppe das Bild Giraffe zugeordnet bekommen hatte, fragte er seine Frau, welches Tier ihr zu ihm einfalle. Sie sagte nach kurzem Bedenken: „Du bist eine Giraffe!"

Die Möglichkeiten dieser Technik sind kaum zu überschätzen und mit zunehmender Übung werden Sie Sicherheit darin gewinnen. Mit dieser Technik können Sie wirklich „Wahres sagen" und „hell sehen".

Im ähnlichen Sinne können Sie auch die Namensgebungsrituale mancher Kulturen bei der Initiation ins Erwachsenenleben verstehen. Die Bedeutung eines Namens offenbart dann das Wesen dieses Mitgliedes und kennzeichnet die ihm zuzutrauenden und zuzumutenden Aufgaben. Für den Namensträger selbst schafft ein bewusst empfangener und getragener Name die Chance, sich seiner Identität klarer bewusst zu werden.

Bilder, die Ihnen so „einfallen", enthalten meist deutliche Wesensmerkmale der zugehörigen Person. Deshalb können Sie ihnen mit guten Gründen vertrauen. Gelegentlich kommt es auch vor, dass einem fast gleichzeitig zwei Bilder einfallen. Meist spiegeln sie zwei Seiten der Person, die man gerade anschaut. Wenn Sie wollen, können Sie versuchen, beide Bilder wie bei „ein Wolf im Schafspelz" zusammenzufügen. Dann erkennen Sie beispielsweise in einem anderen Menschen ein als Igel getarntes Kaninchen. Diese Bilder können Sie dann versuchen zu deuten und zu verstehen. Was kennzeichnet dieses Tier, was repräsentiert und symbolisiert es, welche Ihnen bekannten Verhaltensweisen dieser Person entsprechen den Verhaltensweisen dieses Tieres? Und welche Wesenszüge, die Ihnen bei dieser Person noch nicht bewusst gewesen sind, lassen sich aus diesem Bild prognostizieren? Sie können daraus viel Zutreffendes über andere Menschen ableiten. Immer wieder bestätigen Personen, die mittels dieser Methode beschrieben werden, dass sie sich zu 98 oder 99 Prozent richtig beschrieben fühlen. Probieren Sie es also aus, und je überraschender und befremdlicher Ihnen ein Bild erscheint, desto ernster nehmen Sie es. Gerade wenn Sie Menschen erst kurz kennen, können diese Bilder Sie vor der täuschenden Blendung erster Eindrücke bewahren.

Das Gleiche, was sich in Tierbildern erfassen lässt, können Sie auch mit Pflanzenbildern abrufen. Gerade wenn Sie sich mit einem Bild aus dem Tierreich unsicher sind, können Sie sich ein zusätzliches Bild aus dem Pflanzenreich abrufen, um dann zu prüfen, worin beide Bilder analog sind und welche Gemeinsamkeiten sich darin ausdrücken.

Die hier beschriebene Methode wird übrigens, zwar wenig bewusst, aber doch häufig im Alltag verwendet. Man sagt über einen Menschen, er sei ein „sonderbarer Vogel“, ein „Arbeitspferd“, eine „hinterlistige Schlange“ oder eine „widerliche Ratte“ und spricht damit immer empfundene Wesenszüge eines Menschen aus. In pflanzlicher Hinsicht heißt es von Leuten, sie seien eine „Mimose“, eine „knorrige Eiche“, ein „fauler Apfel“, eine „Pflaume“ oder gar ein „Giftpilz“.

Die Aura sehen

Eine weitere Möglichkeit der intuitiven Menschenerkenntnis funktioniert ähnlich der oben Gezeigten, hat jedoch vermutlich eine andere Basis. Darin wird nicht nach einem Symbol für die Person gesucht, sondern man versucht, sich in entspanntem Zustand die Aura eines anderen Menschen vorzustellen. Nach verschiedenen fototechnischen Verfahren kann man die Aura von Menschen, Tieren und Pflanzen tatsächlich sichtbar machen, die meisten Menschen scheinen aber (überwiegend bei geschlossenen Augen) ebenfalls in der Lage zu sein, zu anderen Menschen eine Aura zu visualisieren. Die Aura eines Menschen können Sie sich als sein persönliches Energiefeld vorstellen, darstellbar etwa wie ein Fell von Strahlen oder Haaren, das den ganzen Menschen umgibt, vorstellen. Es variiert von Person zu Person und von Grundstimmung zu Grundstimmung in Länge, Dichte, Beschaffenheit, Glätte, Ordnung oder Verwuschelung und kann sich bis hin zu einer verfilzten, wirbelartigen oder wolkenhaften Gestalt entwickeln. Diese Aura kann in verschiedenen Bereichen unterschiedliche Farben haben, hat jedoch meistens einen dominierenden Grundton.

Zum Einstieg können Sie versuchen, sich einmal die Aura um den Kopf eines anderen Menschen vorzustellen. Auch hier zeigte die Erfahrung mit vielen Gruppen, dass beim Versuch, diese Aura zu malen, die unterschiedlichen Zeichnungen einander sehr ähnlich sind. Auch hier können Sie also per Bild Realitäten erfassen.

Vertrauen Sie bei der Übersetzung auf Ihre Intuition: Was fällt Ihnen zu bestimmten Aspekten ein, was drückt sich darin für Sie aus, worauf könnte etwas hinweisen? Um eine Vorstellung davon zu bekommen, wie eine ideale, vollkommene Aura aussieht, können Sie sich Bilder der mittelalterlichen religiösen Kunst vergegenwärtigen. Der Körper des auferstandenen Christus wird häufig mit einer goldenen mandelförmigen Aura umgeben dargestellt. Eine Aura kann aber auch massiv gestört sein. Wenn beispielsweise Löcher in ihr auftauchen, weist das auf Blockaden im Energiefeld des betreffenden Menschen hin. Es kann beispielsweise eine ganze Körperseite ohne Aura bleiben. Es kann aber auch Energieüberschüsse geben, die in meistens kleineren Zonen zu einer überstarken Energieabstrahlung führen.

> Bei einer Person konnten wir in einer Gruppe die Aura nur wie ein eng anliegendes nasses Hundefell wahrnehmen. In der Tat war diese Person sehr introvertiert und verschlossen. Bei einer anderen Person sahen wir gesplisste Aura-"Haare“. Darin drückte sich eine innere und äußere Zwiespältigkeit aus. Bei wieder einem anderen Menschen bestand seine Aura aus zwei Schalen um ihn herum. Dadurch drückte sich seine Unnahbarkeit aus.

Die ersten Übungen beim Aurasehen führen Sie am besten mit Ihnen bekannten Personen durch und vergleichen dann Ihr Bild von deren Aura mit den Ihnen bekannten Eigenschaften der betreffenden Person. Wenn Sie damit die Erfahrung machen, dass Sie in der Aura entsprechende Parallelen erkennen, können Sie mit dieser Sicherheit anschließend auch fremde Menschen anschauen. Sie werden merken, dass Sie mit diesen intuitiven Methoden schon nach kurzen Begegnungen sehr treffende Schlüsse über Ihnen fast unbekannte Menschen ziehen können. Zudem erschließt Ihnen diese Methode den Zugang zu der Wahrheit von Redensarten wie: „X hat eine sehr überzeugende Ausstrahlung", oder: „Es wundert mich, dass Y sich trotz seines Fachwissens nicht durchsetzen kann. Er sieht doch gut aus und ist auch sehr groß, aber er wirkt immer so unscheinbar." Unabhängig von der Körpergröße werden Menschen mit einer kleinen Aura von anderen kaum wahrgenommmen, während andere mit einer großen Aura auch schweigend Einfluss ausüben können. Vermutlich besteht die in Märchen beschriebene Fähigkeit, sich unsichtbar zu machen, darin, dass jemand seine Aura vollständig einzieht. Eine charismatische Wirkung entsteht dagegen, wenn es gelingt, sich eine harmonische Ausstrahlung zu erarbeiten und sie auch über wechselnde Situationen und unabhängig von äußeren Einflüssen aufrecht und stabil zu halten. Neben der hier beschriebenen visuellen Wahrnehmung einer Aura können Sie die Wirkung der Aura anderer Menschen intuitiv in den Gefühlen von Sympathie oder Antipathie spüren. In diesen Gefühlen ist allerdings oft schon ein Teil der eigenen, individuellen Antwort auf die Aura eines anderen mit enthalten.

Wenn Sie sich mit dem Gebiet der Aura noch nicht befasst haben, mag Ihnen das bisherige schon fremd erscheinen. Trotzdem möchte ich zwei weitere Aspekte zu diesem Thema anfügen:

> Die Aura eines anderen Menschen lässt sich auch mit den Händen fühlen. In zahlreichen Gruppen war es nach Anleitung den Teilnehmern möglich, durch Fühlen der Aura eines anderen die Polung von dessen Gedanken im Sinne von „Zustimmung" oder „Ablehnung" treffend festzustellen. Bei positiven Gedanken vergrößerte sich die Aura und bei negativen schrumpfte sie. Sie können entsprechend davon ausgehen, dass weit über sichtbare körpersprachliche Signale hinaus, sogar die Richtung von Gedanken anderer wahrnehmbar ist. Je unsensibler Menschen sind, desto weniger nehmen sie davon zwar bewusst

wahr, unterbewusst aber werden solche Signale trotzdem aufgenommen und auch gespeichert. Manchmal dringt das entsprechende Gefühl erst ein paar Stunden oder Tage später bis ins Bewusstsein vor. Aber selbst wenn es nicht bis ins Bewusstsein vordringt, ist das Unterbewusstsein in der Lage, Antworten darauf zu geben. Einerseits können Sie das für sich nutzen, indem Sie immer stärker ihrer Intuition vertrauen, andererseits müssen Sie davon ausgehen, dass Ihre Gesprächspartner Ihre Gedanken ebenfalls über diese subtilen Kanäle empfangen können.

Der zweite Aspekt ist folgender: Neben der Polung der Gedanken können über die Aura auch andere Aspekte übertragen werden. Zum Beispiel kann übermittelt werden, auf welcher Ebene der andere gerade aktiv ist. Während die Ja-Nein-Polung durch die Größe der Aura kommuniziert wird, wird die jeweilige Aktivität der sieben Ebenen durch die Farbe der Aura übertragen. Manche Menschen empfindet man ja als „düster", andere als „feurig", wieder andere als „sonnig". Versuchen Sie also auch einmal, sich einen anderen Menschen hinsichtlich der Farbe(n) seiner Aura vorzustellen. Sie können an verschiedenen Körperregionen unterschiedlich sein. Hier nun die Bedeutung der Farben im Überblick:

Farbe	**Bedeutung**
Gold	Harmonie, Inspiration
Weiß	freier Energiefluss, Reinheit, Geistige Klarheit
Violett	spirituelle Energie, Transformation
Dunkelblau	Wahrheitsliebe, Ernsthaftigkeit, Aufrichtigkeit
Hellblau	Intuition, Kreativität
Grün	Sensibilität, Mitgefühl, Herzlichkeit
Gelb	Sonne, Gruppengefühle, Verbundenheit, Macht
Orange	Antriebsenergie, Aktivität, Mut, Lebensfreude
Rot	Lebensenergie, Feuer, Leidenschaft

Abbildung 9: *Bedeutung der Farben der Aura*

Ein überwiegend triebaktiver Mensch würde entsprechend eine rot-orangene Aura haben, ein durchgeistigter Mensch eine violett-weiße, und ein in allen Ebenen ausgewogener Mensch würde eine Aura mit allen Regenbogenfarben haben.

So haben Sie also eine weitere Möglichkeit, in andere Menschen hineinzuschauen, um sie besser zu verstehen. Sie sehen aber auch, dass es unerwünschte Folgen haben kann, wenn Sie sich zu sorglos „Ihren Teil denken“. Andere Menschen können davon mehr empfangen, als Ihnen lieb ist. Eine gewisse Gedankendisziplin ist also angeraten. Die Empfehlung, positiv zu denken, gewinnt aus dieser Betrachtung heraus einen tieferen Sinn. Wenn Sie davon ausgehen, dass die Auras von zwei Gesprächspartnern sich in der Gesprächsdistanz berührt, dann können Sie die Größenveränderung einer Aura direkt wahrnehmen. Ebenso können Sie die Farbe als Gefühlsqualität der anderen Person und der Beziehung empfinden. Ein paar weitere Informationen dazu:

> Zwischen den Auren von Eltern und ihren Kindern scheint eine lebenslange Verbundenheit bestehen zu bleiben. Was bei einem Teil stattfindet, spürt der andere in seiner Aura. Es gibt viele Berichte aus Kriegszeiten über die intuitiv-telepatische Wahrnehmung besonders von Müttern und Frauen, wenn ihre Söhne oder Männer als Soldaten verletzt oder getötet wurden.
>
> Auch zwischen Ehe- oder Lebenspartnern entstehen subtile Verbindungen innerhalb der Auren. Durch die Liebe und langes Zusammenleben vereinigen sich beide Auras im Laufe der Zeit. Insofern ist eine Trennung, sei es durch Scheidung oder Tod, immer ein schwerwiegender Einschnitt, bei der leicht die eigene Aura dauerhaft geschädigt werden kann. Viele Traditionen halten deshalb eine Trennung durch Scheidung für so schwerwiegend, dass sie grundsätzlich davon abraten. Jeder hat auch schon beobachtet, dass bei älteren Ehepaaren häufig beide Partner kurz hintereinander sterben. Wenn die Hülle der gemeinsamen Aura zerreißt, scheint eine solche Verletzung nur schwer zu heilen.

In Hinblick auf die Werkzeuge des Durchschauens möchte ich Sie also ermutigen, Ihre Antenne noch ein Stück weiter auszufahren und Ihre intuitive Wahrnehmung zu üben. Mit zunehmender Erfahrung werden Sie lernen, ihr immer mehr zu vertrauen.

Symbolisches Verständnis von Aussagen und Handlungen

Unter „symbolisch" versteht man Handlungen und Aussagen, wenn sich in ihnen mehr ausdrückt und vollzieht, als sie vordergründig zu bedeuten scheinen.

Eine Hochzeit ist eben nicht nur irgendein schönes Fest, sondern dabei wird symbolhaft das alte System „Vater – Mutter – Kind" beendet und durch ein neues ersetzt „Mann und Frau". Entsprechend ist die Hochzeit der Kinder für die Eltern oft ein wichtiges Hilfsmittel, um ihr Kind ins Erwachsensein loszulassen.

Fast alle Aussagen, Verhaltensweisen und Gesten haben unterschwellig einen symbolischen Gehalt. Im Alltag wird das meistens allerdings weder vom Sender noch vom Empfänger bewusst gelebt. Allenfalls wenn man Geschenke macht, ist der symbolische Gehalt deutlicher. Oft versucht ein Schenkender bewusst Symbole zu schaffen und hofft dann, dass sie auch vom Beschenkten richtig verstanden werden. Geschenke können symbolisch dreierlei ausdrücken:

- sie können den Schenkenden symbolisieren,
- sie können den Beschenkten symbolisieren,
- sie können die Beziehung zwischen beiden ausdrücken.

Symbole werden häufig von beiden Seiten unbewusst gesendet und empfangen. Sie bleiben also im scheinbar Nebensächlichen und werden oft für unbedeutend oder beliebig gehalten. Gerade in solchen Randbereichen sind sie aber zu finden. Konkret bedeutet das: Je ernster Sie das scheinbar Zufällige und Nebensächliche nehmen und auf seinen symbolischen Wert befragen, desto größer ist die Wahrscheinlichkeit, dass Sie dabei Schlüssel zu anderen Menschen finden. Hier drei Beispiele:

Jemand bekam von seinem jüngeren Bruder einen Bonsaibaum geschenkt und interessierte sich kaum für dessen ausführlichen Erklärungen darüber, was der kleine Baum alles könne und wie er in jeder Hinsicht großen Bäumen ähnlich sei. Auf den Symbolwert abgeklopft fiel es ihm dann sofort wie Schuppen von den Augen: Mein kleiner Bruder zeigt mir mit dem kleinen Baum sich selbst und macht mich darauf aufmerksam, das Kleine für genauso wertvoll und fähig zu halten wie große Bäume und Personen. Er möchte als der Kleinere mehr wertgeschätzt sein und mehr Beachtung finden.

Jemand kann eine Verspätung leicht durch einen Verkehrsstau entschuldigen. Aber drückt er durch sein Verhalten nicht vielleicht doch mehr aus – vielleicht Desinteresse oder Geringschätzung? Oder verrät sich durch häufige Verspätungen vielleicht eine chaotische Selbstorganisation als Charakterzug? Oder ist er ein Selbstdarsteller, der durch seinen speziellen Auftritt besondere Aufmerksamkeit auf sich ziehen oder seine Wichtigkeit betonen will?

Im Kauf eines bestimmten Autos kann sich der Wunsch nach einem bestimmten Image ausdrücken, dabei können persönliche Werthaltungen zum Ausdruck kommen: Vielleicht steht das betreffende Fahrzeug für Solidität und Sicherheit, für Unauffälligkeit und Normalität, für Exzentrik und den Wunsch aufzufallen, oder auch für einen höheren Status.

Auch mit Möbeln und Einrichtungsgegenständen drücken Menschen sich selbst aus. Was gefällt ihnen? Wie viel Bequemlichkeit gönnen sie sich? Womit identifizieren sie sich? Welches Selbstwertgefühl drückt sich dabei aus? Welche Art von Selbstdarstellung findet dadurch statt? Als beobachtender Betrachter sollten Sie immer davon ausgehen, dass es keine Zufälle gibt. Selbst was im Vorübergehen gekauft wurde, ist aus einer Vielfalt angebotener Waren ausgesucht. Selbst was als von außen kommendes Geschenk herumsteht, hätte genauso gut in den Mülleimer wandern können. Indem von hundert Geschenken gerade dieses eine im Umfeld einer Person bleibt, deutet es auf etwas hin, das mit dieser Person zu tun hat.

Die gleiche Aufmerksamkeit lohnt es auf die Gegenstände zu richten, mit denen andere Menschen sich kleiden und schmücken. Am leichtesten, weil am offenkundigsten, ist die Wahrnehmung von symbolischen Anteilen in der Kleidung in halboffiziellen Situationen, in denen die strengen Konventionen des geschäftlichen Bereichs nicht mehr gelten, die reine Bequemlichkeit des privaten Bereichs aber noch nicht angebracht ist. In solchen Situationen ist der persönlichen Selbstdarstellung ein recht breites Feld von Spielmöglichkeiten eröffnet. Insofern ist dort der symbolische Gehalt recht hoch einzuschätzen. Doch selbst im geschäftlichen Umfeld, das stark von einer offiziellen Kleiderordnung geprägt ist, schlagen sich die inneren persönlichen Ebenen symbolisch nieder. Ein besonders hilfreicher Schlüssel, um Symbole zu erkennen und richtig zu deuten, liegt darin, sich die Kleidungsgegenstände aus der Nähe anzuschauen, aus der sie gekauft worden sind, das heißt aus etwa 50 Zentimetern. Im Abstand von drei Metern wird man fast alle Kleinigkeiten übersehen, die für den Käufer bei der Auswahl entscheidend waren.

> Bei einem grau scheinenden Anzug zeigten sich aus der Nähe einzelne blutrote Fäden im Stoffmuster und deuteten auf eine positiv energievolle Grundstimmung des Trägers hin.
>
> Bei einem Herrenhemd deuten kleine Blümchen im Webmuster des Stoffes auf eine verspielte und emotionale Seite hinter der äußerlich sachlichen Fassade hin.
>
> Tennisschläger auf den Socken können auf eine sportliche Ambition hinweisen und manche Formen textiler Kleinkariertheit deuten auf charakterliche Pedanterie und Traditionalismus hin.
>
> Bei Männern sind besonders die Motive auf der Krawatte aufschlussreiche Hinweise auf ihre Innenseite. Gerhard Schröder trug als Bundeskanzler verschiedentlich eine Krawatte, auf der Theaterlogen mit Zuschauern abgebildet waren: Er stand selbst gern als Schauspieler im Rampenlicht.

Auch die Motive auf Pullovern, Sweatshirts und T-Shirts lohnen einer aufmerksamen Betrachtung. Sehnsüchte, Ziele, inneres Chaos oder innere Ordnungsliebe, ja selbst psychische Blockaden sind auf ihnen oft sehr deutlich sichtbar.

> Ein Seminarteilnehmer trug einen Pullover mit einem blitzartig gezackten Diagonalbalken. Ich deutete ihn als Zeichen für zurückgehaltene Energie bzw. unterdrückte Hochspannung. Er stimmte dieser Deutung zwar inhaltlich zu, hielt das Motiv auf dem Pullover aber dennoch für zufällig. Am nächsten Tag kam er mit einem anderen Pullover und sagte: „Jetzt bin ich mal gespannt, was Sie aus dem herauslesen." Zu seiner und der anderen Seminarteilnehmer Erstaunen konnte ich sofort dieselbe gezackte Diagonalstruktur darin entdecken. In diesem Pullover war sie allerdings nicht farblich abgehoben, sondern fand sich subtiler im Strickmuster. Weder ihm noch den anderen war das aufgefallen. So infiltrieren unterbewusste Strukturen unsere vermeintlich bewussten Kaufentscheidungen und kommen an der Oberfläche deutlich zutage, allerdings meist ohne gesehen zu werden. „Nichts ist so tief wie die Oberfläche", sagt Nietzsche.
>
> Bei Frauen ist das Kleidungsspektrum breiter als bei Männern. Insofern sind die symbolischen Gehalte oft deutlicher. Eine besondere Rolle spielt hier auch der Schmuck. Welche Dimensionen ihrer Persönlichkeit stellt eine Frau mit ihrer äußeren Darstellung in den Vordergrund? Verspielt, emotional, warm, lebensfroh oder kühl, bedeckt, hart und sachlich? Bei einem dreitägigen Seminar drückte sich das Auftauen einer Seminarteilnehmerin einmal so aus: Am ersten Tag trug sie Jackett und Lederhose, am zweiten Tageinen dunklen Wollpullover und Lederrock, am dritten Tag einen weichen roten Mohairpullover und einen hellen Stoffrock.

Die morgendliche Ratlosigkeit vor dem Kleiderschrank hat nur zum geringsten Teil ihren Grund darin, dass man nicht genügend Kleidungsstücke hat, um sich witterungsgerecht anzuziehen. Eher wurzelt sie darin, dass man erst einmal herausfinden muss, in welcher Stimmung man eigentlich aufgewacht ist und was aus dem vorhandenen Fundus dem am besten entspricht.

Die Beispiele zeigen eine dem Laien weitgehend ungewohnte Art des Weltverständnisses. Psychologen, Künstler und Werbefachleute arbeiten ständig damit. Sie wissen, die Wirklichkeit ist immer auch Symbol. Je größer Ihre Übung im Umgang mit Symbolen wird, desto deutlicher können Sie die Botschaften aus ihrem eigenen Unterbewusstsein und dem anderer Menschen aufnehmen und verstehen.

4. Werkzeuge der Dialektik für die Ebenen der Kommunikation

Nachdem Sie mit den „Mitteln des Durchschauens“ gewissermaßen die allgemeinen Grundwerkzeuge des Brückenbaus kennengelernt haben, kommen wir nun zu den sieben konkreten Brücken, die Sie in Ihrer Kommunikation von Mensch zu Mensch bauen können. Sie haben unterschiedliche Gestalt und Sie brauchen für jede einzelne Brücke einige Spezialwerkzeuge. Damit sollen Sie jetzt ausgerüstet werden.

Wenn Sie dann die kommunikativen Prozesse zwischen Menschen auf den einzelnen Ebenen untersuchen, können Sie auf jeder Ebene spezielle Methoden und Möglichkeiten einsetzen und nutzen.

Lebensenergie und Identität

Umgang mit der Lebensenergie

Die Lebensenergie ist die Quelle in uns, aus der ein Strom durch alle anderen Ebenen hindurch fließt. Auf den anderen Ebenen wird sie eigentlich nur noch differenziert, kanalisiert und transformiert:

Auf der Antriebsebene differenziert sie sich zu den verschiedenen Antriebskräften. Auf der Charakter- und Grundeinstellungsebene wird ihr eine erste automatische Steuerung in Form von Geboten und Verboten gegeben. Durch die Verbote wird ein Teil dieser Energie gestaut. Die verbleibende Energie äußert sich als subjektive Emotionalität und strebt über die Vielfalt möglicher Ausdrucksformen (Ebene der Intentionen) zu einer Realisierung auf der Sachebene. Auf der Ebene des Geistes kann dieser Handlungsimpuls dann bewusst werden und man kann ihn überprüfen und gegebenenfalls korrigieren. Darin liegt die Möglichkeit einer bewussten und reflektierten Selbstführung.

„Selbstverwirklichung“ heißt: dem Leben in sich Raum zu geben. Auf andere bezogen gilt das Gleiche. Bei tobenden Kindern hat das Leben meistens noch viel Raum. Bei ihnen ist die Lebensenergie noch in ihrer Natürlichkeit und Wildheit wahrzunehmen. Da bei Menschen in der Erziehung viele soziale und psychische Blockaden aufgebaut werden, ist der Ausdrucksraum oft stark geschrumpft. Bei (v)erwachsenen Menschen ist von dieser Energie oft nur noch wenig spürbar. Sie sind blockiert, verklemmt, gehemmt. Das bedeutet Schwäche und führt zu seelischen und körperlichen Leiden. Wenn Sie sich so vorfinden, dann sollten Sie an der Befreiung Ihrer Lebensenergie arbeiten, um sie wieder spüren und lenken zu können. Körperliche, seelische und geistige Gesundheit kann es nur geben, wenn die Lebensenergie fließt.

Blockaden können auf mehreren Persönlichkeitsebenen auftreten:

- auf der Antriebsebene, wenn sich verschiedene Antriebe und Bedürfnisse gegenseitig blockieren und lähmen,
- auf der Charakter- und Grundeinstellungsebene durch unbewusst übernommene lebensfeindliche Einstellungen der Erzieher,
- auf der Emotions- und Beziehungsebene durch Ansprüche und Erwartungshaltungen anderer Personen,
- auf der Vernunft- und Sachpositionsebene durch Einsicht in sachliche Widerstände und / beziehungsweise Unmöglichkeiten,
- auf der Ebene des Geistes und der Selbststeuerung durch selbstgesetzte lebensfeindliche Grundsätze und Verhaltensnormen.

Damit die Lebensenergie fließen kann, ist es notwendig, diese Bremsen zu lösen. Diese Arbeit muss von der Reflexionsebene geleistet werden und ist ein Hauptzweck von persönlichkeitsentwickelnden Maßnahmen wie Coachings, Selbstführungsseminaren oder Therapien. Auf die einzelnen Ebenen bezogen kann die Befreiung der Lebensenergie so geschehen:

- Auf der Charakter- und Grundeinstellungsebene ist sie möglich, indem Sie sich aus den alten Fesseln = „Verwicklungen“ „entwickeln“. Im Begriff „Persönlichkeits*entwicklung*“ ist diese Einsicht enthalten.

- Auf der Emotions- und Beziehungsebene können Sie lernen, aktiv die Sympathie und das Vertrauen anderer Menschen zu gewinnen und sie für gemeinsame Lösungen zu interessieren.
- Auf der Sachpositionsebene lösen Sie Blockaden, indem Sie kreativ alternative Lösungsmöglichkeiten für Probleme suchen und mit Partnern konkrete Realisierungen erarbeiten und vereinbaren.
- Auf der Selbststeuerungsebene kann es durch Selbstreflexion gelingen, selbstgesetzte Grundsätze, die sich als lebensfeindlich erweisen, zu erkennen und zu korrigieren.

Für die Begegnungen mit anderen Menschen bedeutet das:

1. Jeder Mensch hat eine fundamentale vitale Antriebskraft. Sie ist die Urkraft des Lebens und fordert Respekt. Hier gilt das Verfassungsgebot: „Die Würde des Menschen ist unantastbar.“
2. Je „vitaler“ sich eine Person mit etwas identifiziert, desto mehr Kraft wird sie für dessen Verwirklichung einsetzen. Revolutionen und Aufstände sind Beispiele dafür, aber auch die „Tollheiten“ frisch Verliebter und die „Spitzenleistungen“ anerkennungshungriger Leistungssportler oder „karrieregeiler“ Jungmanager.
3. Die Lebensenergie kann durch Zerstreuung oder durch Blockaden geschwächt werden. Zerstreut wird sie, wenn man durch zu viele Verpflichtungen zerrissen wird oder sich durch zu viele Vorsätze verzettelt und sich nicht mehr koordinieren kann. Die Auswirkung ist allgemeine Kraftlosigkeit. Blockaden führen dagegen zu Frustration, Autoagressionen oder überraschenden Eruptionen.
4. Die Lebensenergie ist so stark, dass sie sich ebenso wenig dauerhaft stauen lässt wie ein Fluss. Das sporadische revolutionäre Aufbegehren von unterdrückten Völkern zeigt diese Kraft. Vollständige Stauungen sind nicht vorstellbar, ohne dass der Betreffende selbst dabei ernsthaften Schaden nimmt oder aber dem ihn Blockierenden Schaden zufügt. Die Energie braucht Bahnen, in denen sie konstruktiv und sinnvoll fließen kann.
5. Jedes „Nein“ und jede Ablehnung von Wünschen anderer Menschen stellt eine solche Stauung dar. Im Einzelfall mag das nur ein Stein zu einer Staumauer sein. Der Fluss mag einen anderen Weg finden, um

weiterzufließen. (Die „Nischenwirtschaft“ in der ehemaligen DDR war ein Beispiel für solche „Umgehungen“ und „Auswege“.) In der Summe aber kann aus vielen „Nein“-Steinen eine Mauer entstehen, die heftigen Gegendruck auslöst. Auch die Mauer um die DDR hat real und symbolisch das ihre zum Aufbegehren der Bevölkerung gegen die Diktatur beigetragen. Zu viele Begehren wurden dadurch blockiert. Versuche, den Fluss der Lebensenergie längerfristig aufzuhalten, führen fast immer zu destruktiven Ergebnissen für den Blockierenden.

6. Je heftiger Sie gegen die Lebensenergie anderer angehen, desto stärker werden deren Selbstverteidigungskräfte mobilisiert. Das erschwert erfolgreiche Einigungen und konstruktive Beziehungen. Wer eine andere Person beispielsweise durch einen Vertragsabschluss in eine schwere Krise bringt, braucht sich nicht zu wundern, wenn die betroffene Person alles daran setzten wird, sich der Erfüllung dieses Vertrages zu entziehen. Sie wird im eigenen Überlebenskampf schließlich auch zu unfairen Mitteln greifen. Selbst wenn der eigene Niedergang nicht aufzuhalten ist, wird sie dem verursachenden Partner noch möglichst viel Schaden zuzufügen versuchen. Ein zunächst vermeintlich günstiger Vertragsabschluss kann sich dann für den Sieger letztendlich doch als Niederlage erweisen.

7. Wer sich „vital“ bedroht sieht, wehrt sich mit allen Kräften. Dabei können Menschen oft erstaunliche geistige oder körperliche Kräfte mobilisieren. Von einer Mutter, deren Kind unter dem Vorderrad eines Autos lag, wurde berichtet, sie habe das Auto vorne hochgehoben und ihr Kind befreit. Auch die aufwendigen und monatelangen Tunnelbauunternehmen von Häftlingen, die aus einem Gefängnis auszubrechen versuchen, sind Beispiele für die Ausdauer dieser Widerstandskraft. Manch einer ist unter dem Druck von realer oder empfundener Gefangenschaft bereit, alles auf eine Karte zu setzen und aufs Ganze zu gehen. Dabei entwickeln manche einen genialen Erfindungsreichtum oder ein hohes Maß an „krimineller“ Energie. Aus der Bereitschaft, eher aufs Ganze zu gehen, als einen als beengend empfundenen Zustand länger zu ertragen, zieht ein solcher Mensch dann Kräfte, die ihn – mindestens kurzfristig – erfolgreich sein lassen.

8. Wenn Sie einen anderen Menschen überzeugen wollen, sollten Sie versuchen, Ihre Antriebskraft und die des anderen in einen gemeinsamen Kanal zu lenken, in dem sie zum Nutzen beider fließen kann. Leistungsbezogene Prämien bei der Entlohnung von Mitarbeitern können eine solche für beide Seiten vorteilhafte Kanalisierung sein.

9. Was für den Umgang mit der Energie anderer gilt, gilt auch für die eigene Lebensenergie. Anstatt sie *gegen* andere einzusetzen, ist sie meist vorteilhafter platziert, wenn Sie mit ihr andere zu lenken versuchen. Die erreichbaren „Synergie-Effekte" nützen Ihnen beiden. Der Volksmund sagt dazu: „Gemeinsam sind wir stark". Die Methode, wie Sie diesen Weg systematisch gehen können, finden Sie unter dem Stichwort „Synthesestrategie" auf der Interessenebene.

10. Versuchen Sie, die Begegnungen, Beziehungen und Verhandlungen mit anderen so zu gestalten, dass sie im Einklang mit der Lebensenergie und der Würde aller Beteiligten sind. Immanuel Kant formuliert das Sittengesetz in der Form des „kategorischen Imperativs": „Handle so, dass du die Idee der Menschheit sowohl in deiner Person als in der Person eines jeden anderen jederzeit zugleich als Zweck, niemals bloß als Mittel brauchst."

Klärung der eigenen Identität

Sind die Blockaden gelöst, so können Sie Ihre beziehungsweise bei anderen deren persönliche Neigungen, Berufungen, Befähigungen und Veranlagungen aufspüren und damit die individuelle Qualität der eigenen Lebensenergie erforschen. Auf der Basis dieser Erkenntnisse können dann persönliche Ziele gesetzt und persönlicher Sinn formuliert und so die eigene Identität definiert werden. Damit wird dem Fluss der Lebensenergie seine Richtung gewiesen.

Um die Identität anderer Menschen in Ihrer Nähe deutlich wahrzunehmen ist es notwendig:

- dass Sie als Erzieher hohe Aufmerksamkeit auf die Neigungen der ihnen anvertrauten Kinder richten und sie darin fördern,

- dass Sie als Partner die Neigungen Ihrer Partner erkennen und sie in deren Verwirklichung nicht behindern sondern bestärken,
- dass Sie als Führender sorgfältig beobachten, wohin die Neigungen Ihrer Mitarbeiter gehen und sich bemühen, sie so einzusetzen, dass sie der Firma mit ihren Neigungen nützen können.
- Schaffen Sie sich und anderen Lebensbereiche, die nicht von Pflichten beherrscht sind und in denen die Möglichkeit zu kreativer Selbstentfaltung und Selbsterfahrung besteht.

Wenn Sie solche Aufmerksamkeit gewähren und die Erkenntnisse daraus umsetzen, dann helfen Sie anderen Menschen, sich aus vorgestanzten Schablonen zu befreien und sich in ihrer eigenen Originalität zu ihrer besonderen persönlichen Gestalt zu entfalten.

Das *Sein* der eigenen Identität (des *Selbst*) und das *Bewusst*sein davon sind gewissermaßen die beiden Lager der Persönlichkeitsachse. Die Achse heißt *Selbstbewusstsein.* Es kann stark, schwach, flexibel oder auch gebrochen sein. Körperlich repräsentiert die Wirbelsäule diese Achse, an ihrer Haltung kann man viel über das Selbstbewusstsein von Menschen ablesen.

Antriebe und Motivationen

Die Hierarchie der Antriebe und Bedürfnisse

Sigmund Freud unterschied als Grundantriebe des Menschen das Streben nach Lustgewinn und nach Unlustvermeidung. Lust und Unlust können körperlich und psychisch empfunden werden. Aktiv wird ein Mensch, wenn er sich davon verspricht, entweder mehr Lust zu erreichen oder Unlust zu vermeiden. Beide Antriebsrichtungen nehmen auf den sieben Persönlichkeitsebenen konkrete Gestalt an. Das Streben nach Lust tritt dann (von unten nach oben zu lesen) so in Erscheinung:

7. geistig:	als Streben nach Unabhängigkeit, Selbstverwirklichung und Transzendenz
6. rational:	als Neugier, als Streben nach Wissen und materiellem Besitz
5. intentional:	als Streben nach Selbstausdruck, Kreativität und produktivem (auch künstlerischem) Schaffen
4. emotional:	als Streben nach Geselligkeit, Unterhaltung, Nähe und Liebe
3. sozial:	als Streben nach Sicherheit, Geborgenheit und Anerkennung
2. physisch:	als Streben nach materiellem Lebenserhalt, Essen, Trinken und Wohnen
1. psychisch:	als Wille zum Sein, als Drang zur Erhaltung der Art (Sexualität)

Abbildung 10: *Die Hierarchie der Antriebe und Bedürfnisse*

Die Übersicht zeigt, dass die Antriebe und Bedürfnisse aufeinander aufbauen und dass die unteren Vorrang haben. Insofern kann man von einer Bedürfnispyramide sprechen.

Das Schicksal der Antriebe

Die Antriebe sind von Natur aus da und wollen leben. Die Frage ist, ob sie von den Erziehern als gut und wertvoll anerkannt wurden. Nur dann kann ein positives Selbstwertgefühl entstehen. Die Teile der Antriebe, die von Erziehern nicht anerkannt, sondern abgelehnt wurden, sind dadurch zu als minderwertig empfundenen Komplexen, den sogenannten „Minderwertigkeitskomplexen“, geworden. Eine Erziehung, die vor allem auf Anpassung und Triebunterdrückung abzielt, führt häufig zu einer Verschiebung des Ausdrucks dieser Grundbedürfnisse, so dass diese dann getarnt und in gewandelter Gestalt auftreten: indirekt, verdreht, kompensiert, gegebenenfalls nur sporadisch aber dann meist eruptiv. Beispiele dazu:

> *Indirekt*: Kein „anständiger" Mann würde einer fremden Frau, die er sexuell attraktiv findet, direkt ins Gesicht sagen, er wolle mit ihr ins Bett gehen. Er wird sich vielmehr indirekt mit Komplimenten an sie herantasten: „Sie haben einen hübschen Pullover an." Auf der Sachpositionsebene könnte sie darauf antworten: „Ja, ich habe ihn im Kaufhaus für 75 Euro gekauft." Versteht sie ihn aber auf der Antriebsebene, kann sie ihm lächelnd antworten: „Ja, finden Sie?"
>
> *Verdreht*: Wer als Kind Zuwendung nicht in Form von Liebe, sondern nur als Schläge bekommen hat, ist emotional mit keiner anderen Methode, sein Zuwendungsbedürfnis befriedigt zu bekommen, vertraut. Wenn er dann als Erwachsener masochistische Züge und Verhaltensweisen annimmt, ist das seine verdrehte Form, sich lieben zu lassen.
>
> *Kompensiert*: Bei vielen Menschen, die als Vielredner unangenehme Gesprächspartner sind oder durch Rechthaberei auffallen, sind diese Verhaltensweisen Symptome für ein besonders stark ausgebildetes Streben nach Anerkennung. Sie wehren sich deshalb so stark gegen Widerspruch oder Unterbrechung, weil sie sich dadurch persönlich zurückgesetzt fühlen würden.

Oft sind gerade „knallharte finanzielle Interessen" eine besonders heftige Kompensationsform für das Grundbedürfnis nach Anerkennung und Sicherheit.

> *Sporadisch und eruptiv*: Ein Quartalssäufer hat sich normalerweise im Griff. Er wird mit seinen unbefriedigten Grundbedürfnissen scheinbar locker fertig und hat keine Probleme. Wenn sich dann aber wieder Frustration angestaut hat, braucht er ein Ventil. Dann „flippt er aus" und tut Dinge, die ihm eigentlich niemand zugetraut hätte.

Die Antriebe und Bedürfnisse werden also vielfach in verdeckter Form geäußert, weil sie in ihrer Ursprünglichkeit nicht anerkannt werden. Die meisten Menschen sind hinsichtlich ihres Selbstwertgefühls stark durch ihre Sozialisation beeinträchtigt. Sie haben zu oft erleben müssen, dass andere ihnen und ihren Bedürfnissen nur einen geringen Wert beimessen, und sie haben diese Bewertung für ihre Selbsteinschätzung übernommen. Dadurch müssen sie sich und andere immer wieder von ihrem eigenen Wert überzeugen.

Die Rettung der Antriebe

Die Beispiele zeigen aber auch, dass sich unerwünschte Antriebe nicht restlos vernichten lassen. Wie lassen sie sich retten? Man muss lernen, sie so zu steuern und transformieren, dass sie gesund, offen und konstruktiv eingebracht werden können. Wie in vielen Fällen sorgt auch hier die Natur teilweise für sich selbst: Ein positives Selbstwertgefühl zu haben, ist ein zentraler psychischer Grundantrieb jedes Menschen. Von dieser Ebene her wird entsprechend viel Energie mobilisiert, um sich in der Welt zu behaupten. Mit der Kraft des Trotzes wird beispielsweise eine Menge von dem zurückgewiesen, was das Selbstwertgefühl mindert, und vieles, was ihm förderlich ist, erkämpft. Selbst im schlimmsten Fall, wo Antriebskräfte eingesperrt sind, überhaupt keinen Ausdruckskanal finden und sich in Krankheitssymptomen gegen die Person richten, kann eine Krankheit zum Mittel werden, das Grundbedürfnis nach Zuwendung besser gestillt zu bekommen. Wie oft lernt eine Familie oder auch ein Arbeitsteam den Wert eines Mitglieds erst wirklich schätzen, wenn dieser Mensch schwer krank ist?!

Ein anderer Weg zum Überleben und zur Äußerung der Antriebe liegt in kompensatorischem Verhalten. Dabei geht es um Ersatzstrategien. Wenn sich jemand nicht anerkannt fühlt, beschafft er sich Dinge, zum Beispiel ein besonderes Auto, Haus oder Boot etc., die allgemein hoch in der Wertschätzungsskala angesiedelt sind. In dem Maße, wie sich jemand minderwertig fühlt, holt er sich dann solche „Werte“ und die mit ihnen verbundene Anerkennung. Das können je nach gesellschaftlicher Schicht und Szene recht unterschiedliche Dinge oder Symbole sein. Oft sind es gerade die absoluten Verlierertypen, die als letztes Hilfsmittel, um sich überlegen fühlen zu können, in die Position moralischer Überlegenheit begeben, um von dort aus andere Menschen mit harten Urteilen für moralisch minderwertig zu erklären.

Die aus einer solchen künstlichen Überlegenheit folgenden Lustgefühle stellen dann den Ausgleich für den Grundfrust im eigenen Leben dar. Es ist nicht notwendig, dass diese Kompensationsmittel offen nach außen gezeigt werden. Manchen Menschen reicht es aus, wenn sie nur selber darum wissen. Je stärker das Verhalten eines Menschen von einem Mittelwert in seiner sozialen Umgebung abweicht, desto begründeter können Sie davon ausgehen, dass er einen unbefriedigten Grundantrieb kompensiert.

Die Antriebe leben also in den Kompensationen weiter, allerdings nicht in ihrer eigentlichen Gestalt. Ihre Rettung müsste so aussehen, dass jeder Antrieb in einer ihm direkt angemessenen, authentischen Gestalt geäußert werden kann.

Umgang mit den Antrieben anderer Menschen

Aus den bisherigen Ausführungen können Sie sehen, dass die dominanten Grundantriebe von Gesprächspartnern beziehungsweise die ihnen entsprechenden Kompensationen während eines Gesprächs kaum wechseln werden und dass sie nur schwer zu beeinflussen sind. Sie prägen vielmehr die Grundstimmung von ganzen Gesprächen und Beziehungen. Deshalb sollten Sie neben der Analyse einzelner Worte oder Aussagen eines Menschen auch immer die Gesamtstimmung seines Verhaltens als Hinweis auf seine vorherrschende Antriebsstruktur beachten.

Das Erkennen der Hauptmotive von Handelnden wird Ihnen um so besser gelingen,

- je weniger Sie selbst auf die Sachpositionsebene fixiert sind,
- je weniger Sie von eigenen Emotionen abgelenkt sind und
- je mehr Sie selbst in einem unausgeglichenen Antriebszustand sind.

Um die Antriebsstruktur anderer Menschen deutlich zu erkennen, hilft eine gewisse geistige Distanz. Anfangs wird Ihnen das in der Praxis nicht immer während eines Gesprächs gelingen, sondern erst im Nachhinein. Mit wachsender Übung werden Sie aber auch in Gesprächen immer mehr Überblick darüber gewinnen.

Den leichtesten Einstieg zum Verständnis anderer Menschen auf dieser Ebene finden Sie, wenn Sie sich in der Vielfalt der Antriebe auf den zentralen Aspekt des Selbstwertgefühls beschränken und Gesprächspartner in dieser Hinsicht beobachten und prüfen. Da die meisten Menschen bezüglich Ihres Selbstwertgefühls Ermutigung und Bestärkung brauchen, können Sie in Gesprächen relativ leicht in dieser Richtung agieren. Für eine differenziertere Betrachtung und Einflussnahme können Sie sich folgende Fragen stellen:

- Was drückt der Gesprächspartner mit seinen Worten und seinem Verhalten über seine Bedürfnisse aus?
- Wie stellt er sich durch sein Verhalten selber dar? Aktiv oder passiv, als Gewinner oder als Opfer ... ?
- Was braucht er von mir? Was verlangt er eigentlich emotional von mir? Bestätigung, Anerkennung, Mitgefühl ... ?
- Welche Wirkung und welchen Einfluss versucht er psychologisch auf mich auszuüben?
- Worauf läuft das eigentlich alles hinaus?

Motivation und Menschenführung

Besonders bei Vorstellungs- oder Motivationsgesprächen lohnt es sich, durch eine sensible Befragung die Antriebe, Bedürfnisse und Motive eines anderen Menschen zu erkunden und auszuloten. Fragetechnisch kommt es dabei darauf an, herauszufinden, unter welchen Umständen und Bedingungen jemand Spaß, Lust oder Freude an etwas Bestimmtem haben könnte, was ihn daran reizt und fasziniert:

> „Wie stehen Sie zu einer Tätigkeit in unserer Niederlassung in der Ukraine?“ – „Davon halte ich gar nichts.“ – „Unter welchen Umständen könnten Sie sich eventuell doch vorstellen, dass eine bestimmte Tätigkeit für Sie dort reizvoll sein könnte?“ – „Ja, dafür müssten Sie mein Gehalt mindestens verdreifachen und mir für meine Familie und mich eine großzügige Dienstvilla in einer Stadt beschaffen, in der es eine anständige deutsche Schule gibt. Außerdem könnte ich mich nur dann

> dafür begeistern, wenn Sie mich zum Leiter dieser Niederlassung machen und mit umfassenden Kompetenzen ausstatten. Da ich aber noch nie in der Ukraine gewesen bin und auch kein Ukrainisch spreche, wird das kaum in Frage kommen.“ – „Wenn ich Sie recht verstehe, käme es Ihnen darauf an, dass sich auf der einen Seite Ihre familiäre Wohnsituation eher verbessert und Sie ein gesichertes soziales Umfeld hätten und dass Sie sich darüber hinaus sowohl finanziell als auch karrieremäßig deutliche Verbesserungen davon versprechen würden. Wenn wir Ihnen diese Aspekte ermöglichen würden, würden Sie also für sich eine solche Möglichkeit nicht grundsätzlich ausschließen. Es ginge dann vor allem um die Frage, wie Sie auf eine solche Tätigkeit so vorbereitet werden könnten, dass Sie dabei auch erfolgreich sein könnten. Welche Qualifikationen würden Sie nach Ihrer Einschätzung dafür unbedingt brauchen, und wie könnten Sie sich vorstellen, die zu erwerben?“

Das Beispiel zeigt, wie Sie die Grundmotive erfahren und dann darauf ein Gespräch aufbauen und in die gewünschten Richtung lenken können. Die Forderung eines dreifachen Gehaltes können Sie als Symbol für einen „großen Vorteil“ akzeptieren und dann Ihrem Gesprächspartner andere mögliche Vorteile zur Auswahl anbieten. Der Karrierevorteil könnte zum Beispiel auch erst bei der Rückkehr aus der Ukraine in zwei Jahren eintreffen. Zugleich könnte auch die nennenswerte finanzielle Verbesserung damit in zwei Jahren verbunden werden. Viele vom Befragten vorgetragene Wünsche werden Sie mit Alternativen zufriedenstellen können. Um einen motivierten Mitarbeiter für die Ukraine zu gewinnen, kommt es darauf an, seine Bedürfnisse – auf welche Weise auch immer – tatsächlich zu befriedigen. Nur wenn er sich etwas ihn wirklich Befriedigendes davon verspricht, wird er sich auch engagieren. Und nur dann haben Sie ihn richtig motiviert.

Auf der Antriebsebene besteht die große Aufgabe und Chance darin, das, wovon jemand überzeugt werden soll, mit seinen persönlichen Motiven zu verknüpfen. Insofern ist das Aufzeigen von Lustgewinn oder Unlustvermeidung nicht nur in der Werbung, sondern auch in einer überzeugenden Kommunikation eine der Hauptargumentationslinien.

Beim Führen von Menschen kommt es darauf an, die angestrebten Ziele mit den Antrieben und Bedürfnissen der Geführten so zu harmonisieren und zu verbinden, dass diese sich freiwillig einklinken. Eine dazu fähige Führungspersönlichkeit beschreibt Schiller in „Die Piccolomini" so:

„Und eine Lust ist's, wie er alles weckt
und stärkt und neu belebt um sich herum,
wie jede Kraft sich ausspricht, jede Gabe
gleich deutlicher sich wird in seiner Nähe!
Jedwedem zieht er seine Kraft hervor,
die eigentümliche, und zieht sie groß,
lässt jeden ganz das bleiben, was er ist;
Er wacht nur drüber, dass er's immer sei
am rechten Ort; so weiß er aller Menschen
Vermögen zu dem Seinigen zu machen."

Als manipulativ-täuschend muss allerdings eine Argumentation bezeichnet werden, die, statt echte Antriebe und Bedürfnisse zu befriedigen, lediglich Kompensationen anbietet oder abdeckt. Ziel verantwortlicher Einflussnahme und Menschenführung müsste es dagegen sein, andere zur Erkenntnis ihrer wirklichen Bedürfnisse jenseits aller Minderwertigkeitskomplexe und Kompensationen zu verhelfen: lebendig zu sein, gesund zu leben, sich gut in sich selbst zu fühlen und nichts anderes wirklich zu brauchen als Licht, Liebe, Wärme, Luft, Wasser, Nahrung und Sinn.

Charakter und Grundeinstellungen

Jeder Mensch hat seine primären Grundeinstellungen in einem Alter vermittelt bekommen, in dem er nur wenig Einfluss darauf nehmen konnte. Die Summe dieser Grundeinstellungen macht seinen Charakter aus und begründet zum Teil sein Schicksal. Während des gesamten Lebens verändert sich der Charakter kaum noch von alleine. Man läuft damit im

Guten wie im Bösen herum. Da von außen wenig daran zu ändern ist, muss man sich als Gegenüber entweder darauf einstellen und damit umzugehen versuchen oder diesen betreffenden Menschen meiden.

Wenn Sie aber feststellen, dass Ihnen Ihr eigener Charakter, beispielsweise die eigene Pedanterie, der eigene Pünktlichkeitswahn oder die eigene chaotische Seite immer wieder zum Problem wird, sollten Sie sich fragen, ob Sie ihn nicht vielleicht doch etwas ändern können. Der erste Teil dieses Kapitels umreißt verschiedene Charaktertypen und ihre Problematiken und geht sowohl der Frage nach, wie Sie vielleicht Ihren eigenen Charakter ändern und weiterentwickeln können als auch wie Sie auch Einfluss auf den von anderen Menschen nehmen können.

In den dann folgenden Abschnitten werden wir prüfen, wie andere Menschen Situationen dadurch beeinflussen oder sogar beherrschen, dass sie auf subtile Weise für sich günstige Spielregeln einführen, die Ihnen unter Umständen zum Nachteil gereichen können. Wenn Sie so etwas nicht frühzeitig erkennen und gegensteuern, kann eine ganze Begegnung oder Beziehung kippen. Bei der ersten Einfädelung einer Situation werden massive Grundeinstellungen vorgenommen, denen Sie ausgeliefert sind, wenn Sie sie nicht aktiv mitgestalten. Grundeinstellungen finden also nicht nur in Personen statt, sondern auch in den Beziehungsstrukturen zwischen Menschen und in der strategischen Anlage von Situationen.

Grundeinstellungen in Personen: der Charakter

Die Entstehung und Gestalt des Charakters

Das griechische Wort „charizein“ bedeutet „einritzen“. Unser Charakter ist dementsprechend die Summe dessen, was in uns eingeritzt, eingekerbt oder eingeprägt ist. Hinsichtlich dieser kennzeichnenden Muster, die später unser Verhalten steuern, lassen sich wieder mehrere Unterebenen[4] unterscheiden:

---

4 Mehr dazu können Sie anhand von 65 Fallbeispielen in meinem Buch „Aus Partituren des Schicksals” lesen.

- Da sind zunächst unsere *Kindheitserlebnisse*, die uns prägen und uns eine spezifische Grunderfahrungen in unserer Beziehung zu Menschen und der Welt vermitteln.
- Sie sind unterlegt durch die *Stimmung unserer Familie* – ängstliche Eltern werden eher ängstliche Kinder produzieren, selbst wenn die Kinder keine Angst auslösenden eigenen Erfahrungen gehabt haben.
- Die Stimmung der Familie ist wiederum unterlegt durch die Maßstäbe, Normen oder Verhaltensanforderungen einer religiösen oder *weltanschaulichen Sicht* auf die Welt.
- Darunter liegt der *„Charakter einer Nation"*. Deutsche sind immer noch anders als Franzosen oder Spanier oder Bulgaren.
- Darunter liegen die prägenden Aspekte einer *Kultur* – beispielsweise der abendländischen im Unterschied zu einer islamischen oder hinduistischen.

All diese Unterebenen zusammen stellen den Charakter dar. Sie liegen übereinander wie die einzelnen Stimmen einer Partitur. Alle zusammen machen sie erst die gesamte Symphonie aus. Die Kunst eines Dirigenten liegt unter anderem darin, die Misstöne zu lokalisieren, zu beheben und allen Instrumenten zu einem harmonischen Klang zusammenzuführen.

All diese prägenden Aspekte nehmen wir während der ersten Lebensjahre in uns auf. Aus dem Grundimpuls, Vertrautes – vielleicht sogar zwanghaft – zu wiederholen oder genau das Gegenteil zu tun, ergeben sich teils biographische Schicksalsmuster, die unser Leben prägen. Hinzu kommen die Erfahrungen des Erwachsenenlebens. Davon wirken allerdings nur die ganz schwerwiegenden – traumatischen – verändernd und gestaltend auf den Charakter ein.

Der positive Zweck der Prägungen liegt darin, automatische Verhaltensmuster anzulegen, die der leichten Orientierung und Reaktion dienen. Die nach Ausdruck strebenden Antriebe werden dabei möglichst so eingestellt und kanalisiert, dass ein junger Mensch für sein Leben geschützt ist und verträglich in einer Gemeinschaft leben kann. Gelingt das, so ist alles in Ordnung.

Ein negativer Effekt kann aber sein, dass die eingebauten Steuerungen nicht tauglich oder nicht zureichend sind, um dieses Ziel zu erreichen. Wenn beispielsweise Angst im Erziehungsprogramm eines Kindes enthalten ist, wird dessen spätere Durchsetzungsfähigkeit behindert.

> Bei einer Übung hatten zwei Personen die Aufgabe, einander fünf Minuten lang gegenseitig nur: „nein" zu sagen. Als der eine beginnen wollte, verschlug es ihm erst einmal die Sprache und er musste sich einige Zeit räuspern, bevor er mit geschwächter Stimme seine ersten „Neins" hervorbrachte. Er berichtete später, dass seine Stimme noch den ganzen Tag danach angeschlagen gewesen sei. Der andere berichtete nach der Übung, dass er beim Nein-Sagen ein starkes Angstgefühl, verstoßen zu werden, erlebt habe, das er vorher noch nie so deutlich gespürt hatte. Wie oft mögen beide in ihrem Leben „ja" gesagt haben, wenn sie eigentlich „nein" gemeint haben, und wie viele schmerzhafte Einschränkungen mag das mit sich gebracht haben?

Sechs verschiedene mögliche Grundeinstellungen

In einer differenzierteren Betrachtung sind sechs Grundeinstellungen für die Antriebe vorstellbar:

- vollständige Blockierung eines Antriebs (= Gehemmtheit),
- teilweise Blockierung (= Verklemmtheit),
- vollständige dauerhafte Öffnung (= Hemmungslosigkeit),
- Reiz-Reaktions-Automatik (= reizgebundenes Verhalten),
- Ausklammerung eines Antriebs aus der Persönlichkeit (= Abspaltung, kann bis zur Schizophrenie führen) und
- variable Steuerbarkeit (= Voraussetzung zu mündiger Selbstführung).

Unterschiedliche Antriebe können unterschiedlich eingestellt worden sein: Es gibt Personen, bei denen der Aggressionstrieb vollständig blockiert, die emotionale Liebesfähigkeit verklemmt, die Sexualität als „Tabu" ins Bordell abgespalten ist, der Spieltrieb hemmungslos bis zur Spielsucht ausufert und der Produktivitätstrieb zielgerichtet steuerbar ist. Bei den meisten Menschen gibt es jedoch eine Grundtendenz ähnlicher

Einstellungen im Sinne des Festhaltens oder Loslassens quer über alle Antriebe. Jemand ist dann beispielsweise in vielen oder fast allen Hinsichten blockiert und verklemmt.

Charaktertypen

Vereinfacht können Sie Personen nach zwei Kategorien unterscheiden:

Festhalter oder *Loslasser*.

Nach den Erfahrungen der Psychologie werden auf Basis dieser Grundhaltungen in den ersten drei Lebensjahren verschiedene Themen für das ganze weitere Leben in drei einander überlappenden Phasen geprägt. Die linke Seite entspricht dem Festhalten, die recht dem Loslassen:

1. Lebensjahr:	Misstrauen	Vertrauen
	Pessimismus	Optimismus
2. Lebensjahr:	Haben	Geben
3. Lebensjahr:	Passivität	Aktivität
	Resignation	Leistungsbereitschaft

Abbildung 11: *Grundhaltungen*

Wichtig ist dabei zu sehen, dass keine dieser Grundeinstellungen für sich gut oder schlecht ist. Wenn wir nichts festhalten können, haben wir Durchfall. Und wenn wir nichts loslassen können, haben wir Verstopfung. Das gilt auch für die Psyche. Extremer Optimismus ist genauso blind wie extremer Pessimismus. Ausgewogenheit, die goldene Mitte, ist das Maß, das schon Aristoteles in seiner Nikomachischen Ethik lehrt.

Entwicklungsziele der Person

Ziel der Entwicklung zur reifen Persönlichkeit ist es, möglichst alle Antriebe selbst steuern zu können. Doch davon sind wir weit entfernt. Oft ist es sogar erleichternd, wenn uns manche Entscheidungen durch innere Automatismen abgenommen werden. Sofern Sie die Automatik abschalten und auf Selbststeuerung umschalten können, haben Sie – wie jeder Fotoamateur von seiner Kamera her weiß – eine Vielzahl anderer Optionen zur Verfügung.

Automatische Einstellungen können auf Dauer problematisch werden. Sie bewirken, dass durch einen bestimmten Reiz immer dieselben Verhaltensweisen ausgelöst werden und nach psychischen Automatismen ablaufen. Sie passen dann häufig nicht auf die Anforderungen der konkreten Situation und die Person verhält sich zwar regelkonform, aber dennoch unangemessen. Die Problematik der Automatismen liegt darin, dass sie die Möglichkeit zwischengeschalteter Reflexion nicht zulassen. Wenn Sie also solche Automatismen bei sich oder anderen feststellen, können Sie darüber nachdenken, sie in Richtung auf selbstgesteuertes und situationsorientiertes Verhalten zu verändern. Dazu gehört im ersten Schritt eine klare Selbstwahrnehmung, im zweiten eine distanzierte Selbstreflexion und im dritten Schritt der konsequente Vorsatz, den Automatismen in konkreten Situationen nicht die Herrschaft zu überlassen sondern zu üben, sich anders zu verhalten.

Erschwert wird die Selbststeuerung dadurch, dass das regelgesteuerte Verhalten durch ein verinnerlichtes „Ich-Ideal“ verstärkt wird. Es besteht aus einer Summe von verinnerlichten Vorstellungen, wie man als Mann, Frau, Vater, Mutter, Bürger, Kollege, Chef etc. „richtig“ zu sein hat. In diesem Sinn richtiges Verhalten wird mit einem „guten Gewissen“ belohnt. Werden die Regeln hingegen überschritten und wird das Ich-Ideal verletzt, meldet sich das „schlechte Gewissen“ und straft mit:

- Schuldgefühlen,
- Ängsten,
- Minderwertigkeitsgefühlen,
- Schamgefühlen,
- Ekelgefühlen.

Zur Vermeidung dieser Gefühle, die unabhängig von tatsächlicher Schuld, Gefahr oder Unterlegenheit auftreten, verhalten sich Menschen dann überwiegend so, wie die ihnen frühkindlich vermittelten Wertvorstellungen es von ihnen verlangt. Das ist dann für viele Situationen unangemessen und kann sogar gefährlich sein:

> Ein 51-jähriger Mann ging mit seinen Freunden essen und bestellte ein Fischgericht. Als es ihm serviert wurde, meinten seine Freunde: „Das riecht nicht gut, iss das lieber nicht." Er antwortete: „Ich habe meinen Teller noch immer leer gegessen", und aß den Fisch. Drei Tage später ist er an einer Fischvergiftung gestorben.
>
> Ein anderer Mann, der alle 14 Tage mit Kollegen Handball spielte, fühlte sich während eines Spiels nicht gut. Seine Mitspieler sagten ihm, er sehe bleich aus und solle lieber eine Pause machen. Er aber bestand darauf, weiterzuspielen: „Ich lasse doch meine Mannschaft nicht im Stich." Noch während des Spiels brach er mit einem Herzinfarkt zusammen und starb wenige Stunden später.

Besser ist es, wenn Sie ohne Schuldgefühle, ohne Scham und ohne Ängste Ihren vollen Teller stehen lassen und Ihrer Mannschaft zumuten könnten, auf Sie zu verzichten. Viele Leute können das nicht. Was einem in der Kindheit einmal als Tugend oder Laster einprogrammiert worden ist, mag ja in vielen Fällen in Ordnung sein, sollte aber nicht zum unumstößlichen Gesetz erhoben werden. Verhaltensweisen, die vor 80 Jahren in einer ländlichen katholischen Gegend zum Leben vorteilhaft gewesen sein mögen, müssen längst nicht mehr den Herausforderungen eines mobilen Lebens in modernen Großstädten entsprechen. Deshalb sollten Sie Grundeinstellungen, die Sie bei sich vorfinden, durchaus kritisch überprüfen und gegebenenfalls ändern.

Kompensationsstrategien

Im Gegenzug zu unterdrückten Persönlichkeitsanteilen entwickeln die meisten Menschen in ihrer Psyche automatisch Gegenmaßnahmen: die bereits erwähnten Kompensationsstrategien. Ihre Persönlichkeit wird dadurch zwar in einem begrenzten Maß stabilisiert, aber nicht wirklich harmonisiert. Zudem hat jede Kompensation auch einen besonderen Preis. Vier solcher Kompensationsstrategien seien hier vorgestellt:

1. *Überlegenheitsstrategie:* Wer sich unterlegen fühlt, kann versuchen, sich nur noch in Situationen zu begeben, in denen er sich überlegen fühlt, oder Situationen so zu gestalten, dass er es tatsächlich ist. Ich kannte einen älteren Herrn, der Gespräche meistens so eröffnete: „Wissen Sie übrigens, was gestern in der Zeitung über die amerikanische Börse gestanden hat? – Nein? Sehen Sie, das sollten Sie aber wissen. Ich will es Ihnen sagen." Oder: „Wissen Sie, an welcher Stelle in der Bibel der Satz steht: ...? Nein? Gerade Sie als Katholik sollten das aber wissen." Oder: „Wussten Sie übrigens, dass meine Frau gestern Geburtstag hatte? Nein? Na ja, das können Sie auch nicht wissen." Er schaffte es immer wieder, seine Gesprächspartner in Verlegenheit zu bringen, und fühlte sich dann obenauf. Andere müssen vielleicht Topmanager werden, um sich nicht mehr unterlegen zu fühlen. Der Preis für diese Strategie ist allerdings eine größere Distanz zu anderen Menschen. Man fühlt sich zwar sicher, aber dafür ist man auf einer einsamen Insel.

2. *Gefallensstrategie:* Wer Angst hat, bei anderen nicht anzukommen, kann versuchen, sich durch besondere Gefälligkeit auszuzeichnen. Das Spektrum dafür kann bei ausgesuchter Höflichkeit beginnen und sich bis zur schleimigen Anbiederei spannen. Es gibt Menschen, die bereit sind, fast alles an eigener Identität aufzugeben, um von anderen anerkannt zu werden. Die Gruppenclowns gehören sicher dazu, aber auch viele scheinbar sehr erfolgreiche Verkäufer. Der Preis für das Wohlgefühl, akzeptiert zu sein, ist allerdings Verzicht auf eigene Identität und Authentizität, und daraus entsteht dann ein Kreislauf: Da alle Anerkennung nicht die wahre Identität trifft, kann sie auch nicht befriedigen und regt zu neuen Gefallensversuchen an.

3. *Kontrollstrategie:* Wer Angst hat, sich nicht behaupten zu können und mit neuen Situationen nicht fertig zu werden, kann versuchen, sein Umfeld möglichst genau zu kontrollieren und sich damit vor Überraschungen zu schützen. Da die Einbrüche in das eigene Leben letztlich von überall her geschehen können, liegt das Problem dieser Strategie darin, dass der Kontrollaufwand im Laufe der Zeit immens groß wird. Je mehr die Umgebung sich aber kontrolliert fühlt, desto mehr wird

sie versuchen, sich zu entziehen. Auch das macht mehr Kontrollaufwand erforderlich. Der Preis für die vermeintliche Übersicht ist entsprechend Distanz zu den Menschen der eigenen Umgebung und gegenseitiges Misstrauen.

4. *Bequemlichkeitsstrategie:* Wer Angst hat, sich nicht behaupten und durchsetzen zu können, kann sich auch darauf zurückziehen zu sagen: „Das ist sowieso alles nicht so wichtig, mir ist das egal", und sich aus dem Handeln ausklinken und zurücklehnen. In seiner Gemütlichkeit oder Resignation hat er mit nichts mehr etwas zu tun. Nichts kann ihn so leicht noch verletzen und verunsichern. Aber auch er muss dafür einen Preis bezahlen: Er kommt nicht mehr dazu, etwas Eigenes zu schaffen, umzusetzen oder durchzusetzen. Er wird zum Spielball von Umständen. Mitarbeiter, die innerlich schon gekündigt haben und doch nicht gehen, verfolgen diese Strategie genauso wie Leute, die alles auszusitzen versuchen. Sie gestalten nicht mehr aktiv mit.

In dem Maß, wie man sich minderwertig, gefährdet, schwach, ängstlich und unsicher fühlt – und praktisch hat jeder solche Gefühle – , neigt man dazu, sich eine dieser Strategien anzueignen. Erfahrungsgemäß haben die meisten Menschen eine Hauptstrategie und eine Nebenstrategie, mit der sie in unterschiedlichsten Situationen ihre Unsicherheit zu kompensieren versuchen. Je stärker die Unsicherheit, desto ausgeprägter wird die jeweilige Strategie durchgezogen. Da es sich immer wieder um dieselbe „Masche" handelt, lassen sich analog zu diesen vier Strategien vier Persönlichkeitstypen unterscheiden:

- der Überlegene,
- der Gefallsüchtige,
- der Kontrolleur,
- der Bequeme.

Alle vier Strategien helfen zwar zum Überleben, verdecken das Problem der inneren Unsicherheit aber nur und lösen es nicht. Für eine Auflösung ist eine Reflexion auf der Ebene des Geistes erforderlich:

- Erkennen der eigenen Blockierungen,
- Aufbau von Maßstäben zur Selbststeuerung,
- Erkennen des eigenen Wertes und der eigenen Kraft,

- Definition eigener Lebensziele und des eigenen Lebenssinns,
- Zentrierung auf die eigene Mitte.

Dazu später mehr.

Charakter und Argumentation

Erfolgreiche Vereinbarungen mit einem Partner können Sie nur treffen, wenn die Lösung und der Lösungsweg seinen inneren Grundeinstellungen und Persönlichkeitsstrukturen entspricht. Sie müssen also nach personengerechte Lösungen und Argumente suchen:

> Von einem Festhalter werden Sie bei einer Sammlung kaum eine Spende erhalten. Alle Argumente über die Wichtigkeit des angepriesenen Projektes werden bei ihm abprallen. Wenn Sie ihm hingegen anbieten, ihm eine Spendenquittung in dreifacher Höhe seiner Spende auszustellen, wird auch er möglicherweise zum Portemonnaie greifen. Es wäre aussichtslos, ihn von seinem Geiz abbringen zu wollen. Ihn kann nur eine Lösung überzeugen, die sowohl seinem Geiz entspricht als auch dem Interesse des Spendensammlers. Sie müssten ihm also zeigen, dass eine Spende seinem Festhalten mehr entspricht als eine Verweigerung. Eine andere Möglichkeit liegt darin, eine andere Grundeinstellung (beispielsweise die, bei den Nachbarn keinen schlechten Eindruck machen zu wollen) gegen seinen Geiz auszuspielen. Auch das kann funktionieren.

Bei einem solchem Ausspielen verschiedener Grundeinstellungen, besteht die Gefahr, dass der andere in innere Konflikte gerät. Deshalb sollten Sie dieses Spiel nicht zu weit treiben. Beziehungspartner, die bei anderen ständig innere Konflikte provozieren, werden wenig geschätzt.

> Einen ängstlichen Menschen werden Sie nur schwer für eine Reise gewinnen können. Sie werden ihn weder mit schönen Reiseprospekten beeindrucken können, noch mit Statistiken über niedrige Einbruchsquoten in seiner Wohngegend überzeugen. Sie müssten ihm anbieten, dass während seiner Abwesenheit andere vertrauenswür-

dige Personen seine Wohnung rund um die Uhr bewachen und ein relativ ungefährliches Reiseziel auswählen. Zugleich könnten Sie vielleicht eine zusätzliche Gepäckversicherung anraten und die Eisenbahn als besonders sicheres Verkehrsmittel vorschlagen. Sie werden raten, besonders viel Sonnencreme mit höchstmöglichem Sonnenschutzwert mitzunehmen und vielleicht einen Reisebegleiter. Je nachdem, wie stark die Angst ausgeprägt ist, müssen Sie entsprechend viel zusätzliche Sicherheit anbieten. Irgendwann stehen Sie dann aber vor der Frage, ob der dafür zu treibende Aufwand im Verhältnis zum Nutzen steht.

Grundeinstellungen in der Kommunikation

Was die persönlichen Grundeinstellungen in der Kommunikation bedeuten, haben wir gesehen. Oft stellen sie schicksalhafte Grundmuster eines Lebens dar. Ähnlich schicksalhaft können sich diese Grundstrukturen auf andere Menschen auswirken, wenn zum Beispiel ein „Überlegenheitstyp" alle Kommunikationssituationen rings um sich her so arrangiert, dass die anderen als Unterlegene hinein- und herausgehen. Das fängt schon bei der Mitarbeiterauswahl an. Der „Überlegenheitstyp" stellt bevorzugt junge, nette, etwas schüchterne Mitarbeiter ein, mit denen er es einfach hat. Er gibt sich gern erfahrener, jovial, gönnerisch. Für den Konfliktfall wird er gern an frühere Fehler seiner Mitarbeiter erinnern und sich an deren Schuld- und Schamgefühlen aufrichten. Er weiß natürlich fast alles besser und wird nicht lange nach Sündenböcken suchen.

Ehe Sie sich als Bewerber von einem solchen Chef einstellen lassen, oder einen neuen Vorgesetzten daran gewöhnen, dass er solche Spiele mit Ihnen machen kann, wäre es besser, offen über die Grundeinstellungen beider Seiten zu sprechen und dabei entweder eine Übereinkunft zu finden oder zu erkennen, dass sie nicht zueinander passen und man sich lieber nicht auf eine Zusammenarbeit einlässt.

Jede neue Situation braucht Spielregeln (= Grundeinstellungen). Häufig ergeben sie sich automatisch aus den Charakterstrukturen der Beteiligten.

Der eine beansprucht die Führung, und der andere akzeptiert das. In anderen Fällen kann eine Kommunikationssituation durch die zufälligen Umstände samt Störungen ziemlich unstrukturiert sein. Entsprechend zufällig und unstrukturiert werden auch die Ergebnisse aus. Manchmal fädeln aber auch Gesprächspartner Situationen strategisch gezielt so ein, dass anderen Beteiligten dadurch bestimmte Verhaltensmöglichkeiten näher oder ferner gerückt werden. Das muss sich nicht immer nachteilig auswirken. Ein guter Pädagoge, Berater, Partner oder Vorgesetzter wird Situationen möglichst so anlegen, dass es seinen Schülern, Klienten, Partnern oder Mitarbeitern leichter fällt, sich zu öffnen und zu beteiligen. Ein rein profitorientierter Verkäufer, ein Machtpolitiker oder ein karriereorientierter Chef wird dagegen wenig Rücksicht auf die Interessen anderer nehmen. Um nicht Opfer strategischer Machenschaften zu werden, ist stets wichtig, sich die vermutlichen Grundeinstellungen seiner Partner bewusst zu machen und sie unterwegs ständig zu analysieren. Daneben sollten Sie sich auch selbst fragen, wie Sie eine Situation sinnvollerweise aufstellen müssen, um Ihre Ziele gut zu erreichen.

Grundeinstellungen in Gesprächen

Hier möchte ich Ihnen nun eine Reihe bewährter „Spielregeln" für das Setting und die Ablaufgestaltung von Gesprächen vorstellen. Vieles davon stelle ich anhand geschäftlicher Gespräche dar, aber dasselbe gilt auch für viele private Gespräche. Auch sie gelingen besser, wenn sie nach professionellen Kriterien geführt werden. Oft ist dort sogar die Wichtigkeit und Brisanz höher, da es dort meistens um die Gestaltung sehr langfristig angelegter Beziehungen geht und damit um einen für das Lebensglück besonders wichtigen Bereich. Daher sollten Sie also auch Ihre privaten Gespräche nach kommunikationstheoretisch sinnvollen Kriterien führen.

> Aus zahlreichern Paarberatungen weiß ich, dass viele Paare zu Hause jahrelang nicht zu den Gesprächen kommen, die sie längst selbst für notwendig erachten. Wenn sie dann abends zusammen müde auf dem Sofa sitzen, werden die heißen Themen zwar gestreift, kommen

aber nicht voran. Da kann bereits ein Berater, der einem Gespräch einen offiziellen Rahmens gibt und es moderiert, oft Wunder bewirken. Wenn man ihn auch noch aus eigener Tasche bezahlt, macht das ein solches Gespräch um so bedeutungsvoller. Deshalb ist oft schon in einem einzigen solchen Gespräch ein lohnender (Selbst-)Erkenntnisfortschritt für beide Partner zu verzeichnen. Hätten die beiden sich ohne Berater offiziell miteinander zu einem Gesprächstermin verabredet, sich dafür frei genommen und statt im abgetragenen Jogginganzug in attraktiver Kleidung an einem öffentlichen Treffpunkt getroffen, vorher sogar schon eine Tagesordnung festgelegt und würden das Gespräch genauso diszipliniert miteinander führen, wie sie es am Arbeitsplatz auch täten, dann hätte sich schon manche Sitzung beim Paarberater erübrigt. Je nachdem, mit welcher Einstellung man in ein Gespräch hineingeht und nach welchen Spielregeln es abläuft, kommt etwas anderes heraus. Und das gilt privat ebenso wie geschäftlich.

Jetzt also zu sinnvollen Spielregeln:

Stellen Sie sich vor, in einer Gesprächsrunde sitzen drei Leute zusammen, die alle voller Minderwertigkeitsgefühle sind. Sie haben die Aufgabe, für ein Sachproblem eine Sachlösung zu erarbeiten. Zwei von ihnen kompensieren ihre Minderwertigkeitsgefühle durch Lautstärke, Dominanzverhalten und Sturheit, der Dritte schweigt lieber schüchtern. Was soll dabei herauskommen? Der Stärkste der beiden ersten wird sich durchsetzen, die Kompetenz des Dritten bleibt auf der Strecke. Anschließend wird der Dritte aber versuchen, die durchgesetzte Lösung zu sabotieren.

Um solch zufälligen und ungünstigen Konstellationen nicht die Herrschaft über eine Situation zu überlassen, sollten Sie versuchen, bei Gesprächen Spielregeln (= Grundeinstellungen) einzuführen und auch auf deren Einhaltung achten. Sie können einem Gespräch dadurch eine sinnvolle und zielorientierte Struktur geben. Dazu wäre im oben geschilderten Fall (und in tausend weiteren) eine vierte, sachlich und emotional unbeteiligte, neutrale Person nützlich. (Denken Sie auch an die Rolle von Paarberatern, Schiedsrichtern, Schiedsleuten oder Richtern.)

Diese Person könnte als „Moderator“ oder „Facilitator“ in das Gespräch eingreifen und die im folgenden beschriebenen Aufgaben übernehmen. Ist keine solche Person dabei, können Sie sich entweder eine dazubitten oder versuchen, diese Funktionen selbst zu erfüllen. Je emotionsgeladener ein Thema ist, desto hilfreicher ist allerdings ein unbeteiligter Dritter. Worauf kommt es also an?

1. Die Teilnehmer eines Gespräches sollten eine Übereinkunft darüber treffen, wie viel Zeit ein zur Diskussion stehendes Thema wert ist. Vielfach werden Themen, die nur wenige Minuten beanspruchen sollten (z. B. der Zeitpunkt einer Rauchpause) von einer Gruppe in extremer Breite ausgewalzt. Hingegen darf die Entscheidung für oder gegen eine große Investition nicht von drei Vorständen während der Mittagspause quasi nebenbei getroffen werden. Die Frage ist also nicht, wie lange man für ein Thema braucht, sondern wie viel Zeit es wert ist.

2. Abhängig von der „angemessenen“ Zeit für ein Thema können Sie eine angemessene Teilnehmerzahl für ein Gespräch abschätzen. Man kann ein Fünf-Minuten-Thema nicht mit 25 Teilnehmern diskutieren. Fünf Teilnehmer sind dafür das Maximum.

3. Sie sollten frühzeitig Zweck und Ziel eines Gesprächs definieren. Soll ein Meinungsaustausch stattfinden oder dient das Gespräch einer Entscheidungsfindung? Alle Teilnehmer sollten darüber aufgeklärt werden.

4. Falls das Ziel eines Gesprächs eine Entscheidung ist, sollte gleich zu Beginn der Entscheidungsmodus beschlossen oder mitgeteilt werden. Für einen einstimmigen Konsens wird es notwendig sein, mehr Zeit einzuplanen als für eine Mehrheitsentscheidung. Falls Sie sich als Vorgesetzter die Entscheidung für das Ende der Diskussion vorbehalten wollen, sollten Sie dies auch zu Beginn des Gesprächs mitteilen. Viele müßige Streitereien am Ende von Gesprächen können Sie durch frühzeitige Klärungen vermeiden.

5. Aus der Festlegung einer angemessenen Gesprächszeit und der dafür angemessenen Teilnehmerzahl können Sie eine angemessene Rede-

zeit pro Gesprächsbeitrag errechnen. Wenn an einem 30-Minuten-Thema sechs Personen teilnehmen, dann kann bei einer Redezeit von einer Minute pro Beitrag jeder fünfmal zum Thema sprechen. Redezeiten sollte man im Allgemeinen nicht pedantisch mit Stoppuhr überwachen, aber wenn sie einmal definiert ist, kann das als Handhabe gegen Vielredner verwandt werden. Besonders bei den ersten Beiträgen empfiehlt es sich, exemplarisch auf die Einhaltung der vorgegebenen Begrenzung zu achten.

6. Alle Beteiligten sollen die gleiche Chance haben, zu Wort zu kommen. Insbesondere zurückhaltende Personen sollten bei einer Wortmeldung bevorzugt werden. Wenngleich sich ein Moderator auf den Standpunkt stellen kann, dass jeder Gesprächspartner selbst für sich verantwortlich ist, gibt es auch gute Gründe dafür, Personen, die betroffen sind oder eine besondere Kompetenz zu einem Thema haben, aber schweigen, mit offenen Fragen direkt anzusprechen und ins Gespräch zu ziehen: „Wie stehen Sie dazu?“ Oder: „Wie beurteilen Sie den bisherigen Gesprächsverlauf?“

7. Inhaltlich braucht eine Gruppe eine klare Definition des Problems und der Aufgabe des Gesprächs. Ausdrücklich möchte ich Sie vor den Begriffen „Thema“, „Titel“, „Motto“ warnen. Diese Begriffe verstellen oft den Blick darauf, dass jedes moderierte Gespräch den Zweck hat, eine *Lösung* für ein bestimmtes *Problem* zu erarbeiten. Verzetteln Sie sich nicht in *Beiträge zum Thema* sondern arbeiten Sie immer auf *Lösungen* hin.

8. In vielen Firmen finden regelmäßige Besprechungen mit dem jeweils gleichem Teilnehmerkreis statt. Wenn Sie vor solchen Gesprächsrunden abklären, wer wirklich von welchem Thema betroffen ist und dann nur diese Personen einladen, können Sie viel Zeit und Aufwand sparen und manche Sitzungslangeweile vermeiden.

9. Da jeder einzelne Teilnehmer vor allem an seinen eigenen Ideen interessiert ist, ist es im Sinn der Sache wichtig dafür zu sorgen, das alle Ansätze im Gespräch Raum und Aufmerksamkeit bekommen. Das gelingt am besten, wenn Sie ab und zu die verschiedenen Ansätze zusammenzufassen und einander gegenüberzustellen.

10. Da viele Menschen dazu neigen, vom „Hundertsten zum Tausendsten“ und vom „Hölzchen aufs Stöckchen“ zu kommen, dient ein Moderator den Interessen einer Gruppe im besonderen Maße, wenn er auf Abschweifungen aufmerksam macht, für eine klare Problemzentrierung des Gesprächs sorgt und immer wieder nach Lösungsansätzen fragt.

11. Zum Überblick für alle lohnt es sich, nach Sinnabschnitten den Gesprächsverlauf zusammenzufassen und den gegenwärtigen Stand zum Beispiel auf einem Flipchart zu visualisieren oder in einem Ergebnisprotokoll festzuhalten. Das gilt insbesondere für Teil- oder Gesamtergebnisse von Verhandlungen.

12. Bei allen Bemühungen um eine Optimierung von Gesprächen hilft es, wenn Sie sich immer wieder an der Synthesestrategie (die später noch ausführlich dargestellt wird) als Problemlösungstechnik orientieren. Dadurch können Sie Positionskämpfe vermeiden und Polaritäten zusammenführen.

Wenn kein Moderator vorhanden ist, kann jede an einem Gespräch teilnehmende Person die hier aufgeführten Funktionen ausüben. Dabei ergibt sich relativ häufig die Problematik, dass sich Widerstand gegen inhaltliche Diskussionsbeiträge des Moderierenden auch auf seine Moderation übertragen. Um sich davor etwas zu schützen, hilft es, sich mit eigenen inhaltlichen Beiträgen bis etwa zum letzten Viertel der Gesprächszeit zurückzuhalten und bis dahin der Gruppe „gute Dienste“ zu leisten. Dann überträgt sich die dabei erworbene Anerkennung erfahrungsgemäß meistens auch auf die vom Moderator vorgetragenen Meinungen und verstärkt sie.

Grundsätzlich möchte ich Sie davor warnen, als erster in einer Gruppendiskussion das Wort zu ergreifen und einen Standpunkt zu vertreten. Da es unwahrscheinlich ist, dass die anderen Gesprächsteilnehmer exakt derselben Meinung sind wie Sie, ergibt sich eine recht hohe Wahrscheinlichkeit, dass sie sich gegen Sie positionieren und Sie plötzlich in einer Situation sind, in der Sie zu Ihrer großen Überraschung von allen Seiten angegriffen werden. Lassen Sie also lieber den anderen den Vortritt.

Darüber hinaus können Sie alles, was zum Thema „Fragen“ gesagt wurde, auch bei der Steuerung eines Gruppengesprächs anwenden. Jede Frage bedeutet eine Weichenstellung und lenkt das Gespräch dadurch in eine bestimmte Richtung. Wer gezielt fragt, führt.

Um zu zeigen, wie viel Zeit eine qualifizierte Moderation einer Gruppe ersparen kann, soll hier folgende Rechnung aufgemacht werden: Wenn die Moderation nur 20 Prozent der Zeit einsparen hilft, rechnet sich eine zusätzliche moderierende Person (bei gleichem Stundenlohn wie die anderen Teilnehmer) ab sechs Teilnehmern. Da aber gleichzeitig mit einer höheren Qualität des Ergebnisses zu rechnen ist, lohnt sich eine Moderation doppelt und mehr. Daher die Empfehlung: Bemühen Sie sich tatsächlich um eine qualifizierte Moderation.

Grundeinstellungen in Beziehungen

Viele Konstellationen, in denen sich Menschen treffen, ergeben sich aus den Umständen. Die zufällig oder unbewusst eingeschlagene Richtung, die dabei in der ersten Begegnung stattfindet, überdauert meistens das erste Gespräch und wird später in weiteren Begegnungen fortgesetzt. Aus ihnen werden Grundeinstellungen, die Beziehungen und deren Strukturen oft jahrelang prägen.

> Ein Mitarbeiter, der sich am ersten Tag darauf eingelassen hat, für drei Kollegen Brötchen und Getränke zu holen, kann sich am zweiten Tag kaum den Bitten einer Kollegin versperren, auch für sie etwas einzukaufen. Nach wenigen Tagen wird er eine solche Botenrolle kaum noch ohne Konflikt loswerden.
>
> Einem Lehrer, dem es in der ersten Unterrichtsstunde in einer Klasse nicht gelingt, sich zu behaupten und durchzusetzen, wird es später kaum gelingen, in dieser Klasse Autorität zu gewinnen.
>
> Wenn Sie als neuer Chef in den ersten Tagen drei Mitarbeiterwünschen nachgeben und sie erfüllen, wird der Wunschpegel Ihrer Mitarbeiter steigen. Sagen Sie lieber erst einmal: Ich schaue mir das hier

erst alles einmal an und sie können mir gern alle Ihre Wünsche sagen. In sechs Wochen werde ich dann etwas dazu sagen.

Um sich also keinen unangenehmen Zwängen in der Zukunft auszusetzen, sollten Sie besonders in den ersten Begegnungen mit anderen Menschen darauf achten, dass Sie sich auf nichts einlassen, was Sie später bereuen werden. Teilen sie lieber Ansprüche, die Sie später sowieso stellen müssen, frühzeitig mit. Fragen Sie sich immer wieder: Was läuft hier im Moment ab? Was versucht die andere Seite hier zu inszenieren? Wohin werde ich gedrängt? Was will ich eigentlich selbst? Wozu führt das hier, wenn ich keinen Einhalt gebiete?

Als Rechtsanwalt sollten Sie im Freundes- und Bekanntenkreis darauf achten, in welcher Rolle Sie angesprochen werden: als Privatmann oder als Jurist. Wenn Sie in juristischer Hinsicht privat um Rat gefragt werden, sollten Sie möglichst vor der ersten Auskunft aufzeigen, wo die Grenze zwischen honorarfreier und honorarpflichtiger Auskunft bei Ihnen liegt und welche Honorare Sie von Freunden und Bekannten nehmen. Unklare Verhältnisse entwickeln sich meistens unerfreulich. Geben Sie Situationen und Beziehungen klare Ausrichtungen als Grundeinstellung.

Grundeinstellungen in der strategischen Anlage von Situationen: das Setting

Vielfach erzielen Sie den größten Effekt bei Gesprächs- und Verhandlungserfolgen nicht durch Ihr Gesprächsverhalten, sondern durch die Gestaltung oder Einflussnahme auf dessen äußeren Rahmen: Wer verhandelt zu welchem Zeitpunkt an welchem Ort mit wem über welche Fragestellungen? Die Kunst der Diplomatie besteht zum Teil darin, im Vorfeld von wichtigen Begegnungen und Verhandlungen die Bedingungen auszuhandeln, unter denen sie stattfinden. Dabei ist Takt, Geschicklichkeit, Weitsicht, Klugheit und Beharrlichkeit erforderlich. Es handelt sich dabei nicht um belanglose Rahmenbedingungen, sondern um

Voraussetzungen fürs Gelingen. Auch hier gilt: Was sich im Geschäftlichen oder im Großen sinnvoll ist, kann auch Privaten oder Kleinen seinen Nutzen haben.

Aspekte, die Sie in strategischer Hinsicht berücksichtigen sollten, sind:

- die Zeit,
- der Ort,
- die Grenzen Ihrer Verhandlungsbereitschaft,
- der Raum,
- die Auswahl der Gesprächspartner,
- die Definition der Rollen der Gesprächspartner und
- die Geschäfts- und Tagesordnung.

Erfolg und Misserfolg hängen oft davon ab, ob Sie frühzeitig die richtigen Weichenstellungen (Grundeinstellungen) vorgenommen haben.

Die Zeit

Ein 40-jähriger Personalleiter konsultierte mich mit folgendem Problem: Er war als jüngstes Mitglied in einen Führungskreis aufgenommen worden, der sich jeden Montagmorgen um 8 Uhr 30 zu einer Besprechung traf. Er war dort mehrfach mit seinen Vorschlägen kräftig abgebürstet worden und hatte das Gefühl, den anderen argumentativ nicht gewachsen zu sein. Er hoffte, bei mir die notwendigen Argumentationstechniken lernen zu können. Im näheren Interview ließ er dann aber nebenbei die seufzende Bemerkung fallen: „Und das, wo doch der Montagmorgen für mich konditionsmäßig der Tiefpunkt der ganzen Woche ist." Darauf bauten wir die Lösungsstrategie für sein Problem auf: Da der gleiche Teilnehmerkreis sich, zwar nur 14tägig, auch mittwochs nachmittags traf, schlug ich ihm vor, seine Vorschläge nur in dieser Nachmittagsrunde zu präsentieren und sich montags morgens nicht in eine wichtige Diskussion hineinzwingen zu lassen. Wenige Wochen später erhielt ich von ihm die erfreuliche Bestätigung, dass es ihm zwischenzeitlich gelungen sei, mehrere seiner Vorschläge erfolgreich zu platzieren und dass er sichtlich Respekt in der Gruppe gewonnen habe. Zusätzliche Argumentationstechniken waren nicht notwendig.

Dieses Beispiel zeigt, wie allein eine strategische Neuausrichtung ein Problem beseitigen kann. Wenn Sie außerdem noch die Strategien anderer durchschauen, können Sie sich deren psychologischer Wirkung entziehen. Achten Sie darauf, möglichst früh im Vorfeld selbst die Umstände mitzubestimmen.

Wie wichtig die Zeitplanung sein kann, zeigt auch folgender Fall:

> Der Inhaber eines kleineren mittelständischen Unternehmens bekam eine Anfrage für einen Auftrag in Russland. Er wurde zu einem Gespräch nach Moskau eingeladen, um dort alle Einzelheiten zu besprechen. Bei seiner Ankunft wurde er am Flughafen von einer russischen Delegation abgeholt. Man erkundigte sich nach seinem Wohlbefinden, danach, ob er schon in Moskau gewesen sei und wie viel Zeit er mitbringe. Der Rückflug war für drei Tage später gebucht. Danach hatte er wieder Termine zu Hause. Seine russischen Verhandlungspartner bewirteten ihn mit aller Gastfreundlichkeit ausgiebig und exzessiv, reichten ihn herum und führten ihn durch historische und wirtschaftliche Sehenswürdigkeiten Moskaus. Die Zeit verging wie im Fluge, die Atmosphäre war von größter Herzlichkeit geprägt. Immer, wenn er versuchte, auf den Anlass seiner Reise zu sprechen zu kommen, hieß es: „Ach, dafür haben wir doch später noch Zeit." Zuletzt wurde die Zeit dann wirklich knapp, und man hatte gerade noch zwei Stunden, um über das Geschäft zu reden. Dabei erwies sich die russische Delegation als extrem hart und unnachgiebig. Da ließ sich der deutsche Unternehmer, ehe dass er ohne Ergebnis wieder nach Hause geflogen wäre, auf Konditionen ein, die er in Deutschland noch nie gewährt hatte. Erst später wurde ihm die Strategie seiner „freundlichen" Gastgeber klar.

Noch Schlimmeres wird von einer französischen Verhandlungsdelegation berichtet:

> Um gegenüber einer ausländischen diplomatischen Delegation ein bestimmtes Verhandlungsziel durchsetzen zu können, wurden die Vertreter der französischen Seite sechs Wochen vor dem eigentlichen

> Verhandlungstermin in ihrem Tag-Nacht-Rhythmus so umgestellt, dass ihre Wachzeit zwischen 21 Uhr und 6 Uhr morgens lag. Die Delegationen trafen sich am späteren Nachmittag und dann wurde von französischer Seite auf Zeit gespielt. Mit Diskussionen zur Tagesordnung, zum Vorgehen und durch Streit über Nebensächlichkeiten wurde die Ermüdung der Gegenseite betrieben. Das von den Franzosen angekündigte und bestellte gemeinsame Abendessen wurde bis 23 Uhr 30 hinausgezögert und mit besonders fetten und schweren Speisen sowie mit reichlich Alkohol serviert. Was für die französische Seite ein üppiges „Mittagessen" war, wurde für die Gäste fast zum „knockout". Danach kamen die französischen Diplomaten dann präzise zur Sache, stellten Forderungen, beharrten darauf, verlangten detaillierte Stellungnahmen und stellten ständig eine schnelle Einigung in Sicht. Nachts um 3 Uhr schliefen einige der Gäste bereits. Die restlichen Delegationsmitglieder stimmten schließlich überfordert, konzentrationslos und todmüde gemeinsamen Erklärungen zu, deren Details sie weder beachteten noch durchschauten. Natürlich gingen die Franzosen als Sieger aus dieser Runde hervor.

Planen Sie also genau, für welchen Zeitpunkt Sie eine Verhandlung ansetzen oder wann Sie eine bestimmte Position am günstigsten platzieren. Achten Sie auch darauf, worauf Sie sich einlassen. Unter Zeitdruck verhandeln zu müssen ist für den, der unter Zeitdruck steht, fast immer von Nachteil.

Der Ort

> Wo treffen Sie am besten Ihre Schwiegermutter? Ertragen Sie Ihren nicht enden wollenden Besuch, gehen Sie zu ihr oder verabreden Sie sich mit ihr in einem Restaurant? Sind Sie dann der Einladende oder lassen Sie sich einladen? Entscheidungen, die für die Rollenverteilung und den Familienfrieden bedeutsam sein können.
>
> Wo treffen Sie sich am besten mit Ihrem Nachbarn, wenn Sie einen Streit auszutragen haben? Am Grundstückszaun, auf der Straße, in einer der beiden Wohnungen? Wie verbindlich soll es sein? Welche

Rückzugsmöglichkeiten wollen Sie sich oder ihm offenhalten oder abschneiden? Der Volksmund rät, in die Höhle des Löwen zu gehen, den man bezwingen will. Was ist am günstigsten?

„Wo feiern wir den Heiligen Abend? Bei uns, bei deinen oder bei meinen Eltern, oder fahren wir lieber weg?" In vielen Familien eine dramatische Vorentscheidung über Feiertagsstress oder Entspannung.

Zu den wichtigsten strategischen Grundeinstellungen für Begegnungen und Gespräche gehören die Festlegung des Ortes und der Zeit. Der Gastgeber kann am eigenen Ort die meisten Umstände selbst bestimmen. Allerdings kann man als Gastgeber das Ende eines Treffens oder den Abbruch einer Verhandlung schwerer veranlassen, als wenn man Gast ist. Als Gast können Sie leichter gehen als als Gastgeber einen Gast hinauswerfen. Der folgende Fall zeigt, wie weit ein Einkäufer in der Rolle des Gastgebers seine Möglichkeiten gegen seine Gäste ausgereizt hat:

Der Einkäufer eines Hamburger Großkonzerns bestellte zwei Verkäufer eines Lieferanten aus dem Münsterland zu einem Besprechungstermin in Hamburg für 8 Uhr 30. Er brachte sie dadurch dazu, früh aufstehen zu müssen und schon einigermaßen erschöpft in Hamburg anzukommen. Unter dem Vorwand eines unvorhergesehenen anderen dringenden Termins ließ er sie dann erst einmal eine Dreiviertelstunde warten. Danach platzierte er sie in seinem Büro so mit dem Rücken zum Fenster, dass die Augustsonne ihnen kräftig auf den Rücken schien, und begann mit der Verhandlung. Als schließlich der erste Preisnachlass erreicht war, eröffnete er, dass nicht er, sondern sein Chef die Entscheidungskompetenz darüber habe. Als die beiden schwitzenden Verkäufer ihre Jacketts ausziehen wollten und um ein Getränk baten, vertröstete sie der Einkäufer, dass sein Chef gleich käme und großen Wert auf korrekte Kleidung lege. Mit diesem würden sie dann zusammen etwas essen gehen. Eine weitere Stunde verging, ohne dass der Chef kam. Als er schließlich um 13 Uhr 30 kam, erklärte er, er habe schon zu Mittag gegessen und wolle das Gespräch jetzt übernehmen. Der Einkäufer zog sich daraufhin „kurz" zurück und ging selbst in Ruhe zu Mittag essen. Die beiden erschöpften Verkäufer konnten dem massiven Druck des Chefeinkäufers dann schließlich gegen 15 Uhr nicht mehr standhalten und ließen sich – um überhaupt mit einem Ergebnis nach Hause zu kommen – auf äußerst ungünstige Konditionen ein.

So können Sie unversehens und dramatisch in die Enge getrieben werden, wenn Sie sich nur freundlich und höflich auf die Spielregeln von Verhandlungspartnern einlassen. In diesem Fall spielten die Hamburger ihren Heimatvorteil skrupellos aus. Ein anderes Beispiel, wie ein Partner durch die Bestimmung des Ortes seine Geschäftsbeziehungen grundlegend gestaltet, ist folgendes:

Ein Kölner „Handelsriese“ verlangt von seinen Hauptlieferanten, dass deren Verkaufsrepräsentanten ihr Büro in der Kölner Zentrale des Handelsunternehmens haben. So sind die Lieferanten nicht nur ständig erreichbar, sondern auch von ihrer eigenen Zentrale getrennt. Der Handelsriese dagegen kann sehr schnell herausfinden, von welchem Anbieter er die günstigsten Konditionen bekommt. Zudem kann er die verschiedenen Anbieter kurzfristig gegeneinander ausspielen.

Alle geschilderten Fälle haben sich tatsächlich zugetragen. Schutz vor solchen „Spielen“ und Situationen ist bei unterschiedlicher Machtposition zu Beginn oft nur schwer möglich. Umso wichtiger ist es, neue Situationen frühzeitig mit zu beeinflussen. Das gilt auch in der Politik.

Vielleicht hätten die Engländer 1938 darauf bestehen sollen, kein Münchner Abkommen, sondern ein Londoner oder Genfer Abkommen mit Hitler zu schließen. Hitler hätte sich als Gast in London vermutlich kaum seine schäumenden Tobsuchtsanfälle erlaubt, durch die er bei Gesprächen in Deutschland seine Verhandlungspartner zu erschrecken und erpressen vermochte. Auch auf internationalem Parkett in Genf hätte er sich der Weltöffentlichkeit wohl anders präsentiert. In Berlin oder München dagegen war Hitler als Gastgeber Herr des Geschehens und zog dabei sämtliche Register. Ein auswärtiger Ort hätte ihn wesentlich geschwächt. Hitler selbst wusste am allerbesten, warum er sich darauf nicht einlassen wollte. Zu Hause konnte er sich und seine Position skrupellos mit allem verfügbaren Prunk inszenieren und einschüchternde und erpresserische Verhandlungsstrategien einsetzen. Dabei versuchte er immer wieder, seinen politisch eigentlich ranggleichen Gästen die Rolle von Untergebenen und Bittstellern zuzuweisen.

Den irakischen Diktator Saddam Hussein hätte man vielleicht besser zu Verhandlungen nach Genf oder Washington eingeladen, als ihn ständig dadurch zu kränken, dass man ihm nur rangniedere Stellvertreter als Verhandlungspartner schickte.

Der Vatikan hat immerhin auf Geheiß des Papstes im Jahr 2008 eine interreligiöse Kommission für den Dialog zwischen Christentum und Islam einberufen und damit erstmals eine ranggleiche Kommunikationsplattform zwischen beiden Religionen geschaffen.

Die Grenzen

Wie einige der Beispiele zeigen, sollten Sie sich frühzeitig über die Grenzen Ihrer Verhandlungsbereitschaft klar werden. Manche Verhandlungen dürfen Sie unter bestimmten Bedingungen gar nicht führen. Die Drohung mit Abbruch kann notfalls ein Hebel sein, um gewisse Mindestbedingungen durchzusetzen. Oft reicht es schon, wenn Sie innerlich bereit sind, eine Verhandlung lieber platzen zu lassen als sich auf bestimmte ungünstige Rahmenumstände einzulassen. Manchmal erfolgt dieses Einlenken erst nach einem tatsächlichen Verhandlungsabbruch. Schließlich hat die andere Seite meistens auch Interesse an einer Fortsetzung. Sie sollten insofern für wichtige Verhandlungen einen Abbruch und die Möglichkeit des Scheiterns also durchaus als Variante mit einkalkulieren und sich einen Plan B überlegen, wie Sie auch damit leben können. Oft habe ich sogar beobachten können, dass jemand, der ernsthaft zum Abbruch bereit war, in genau diesem Moment die Lösung erreichte. Die Gegenseite spürt oft sehr genau, wann die Grenze erreicht und überschritten ist:

Einem Mitarbeiter, der bei mehreren Beförderungsrunden übergangen worden und der darüber ziemlich frustriert war, auch in weiteren Gesprächen mit seinem Chef keine klaren Auskünfte über seine Perspektiven im Unternehmen bekommen zu haben, empfahl ich, seine Kündigung zu schreiben und im nächsten Gespräch mit seinem Chef bei sich zu tragen. Er tat das und war auch entschlossen, sie seinem Chef gegebenenfalls am Ende des Gesprächs zu übergeben. Es wurde nicht notwendig. In diesem Gespräch wurde sein Chef plötzlich verbindlich und bot ihm sogar eine neue Position an.

Ähnlich ging es einem jung verheirateten Mann. Immer wenn er mit seiner Frau seine Eltern besuchte, machte seine Mutter verletzende Bemerkungen über seine Frau. Die passende Antwort darauf fiel ihm meistens erst Stunden später zu Hause ein. Wenn er versuchte, seine Mutter zurechtzuweisen, zog sie sich immer aus der Affäre: „Ach, das war doch nicht so gemeint!“ Ich riet ihm, sich innerlich zur Eskalation zu entschließen. Er nahm sich daraufhin vor, beim nächsten Mal die allererste spitze Bemerkung seiner Mutter zum Anlass für eine dramatische Reaktion zu nehmen. Er solle laut werden und klarstellen: „So, das war jetzt das letzte Mal. Ich verbiete dir, auf meiner Frau herumzuhacken. Das lasse ich mir nicht mehr gefallen, wir gehen jetzt.“ Vor dem nächsten Besuch bei seinen Eltern vergegenwärtigte er sich diesen Vorsatz und war fest entschlossen, gegebenenfalls zu gehen. Nichts passierte. Seine Mutter spürte, dass sein Auftreten anders und bestimmter geworden war. Sie machte seitdem keine verletzenden Bemerkungen mehr.

Der Raum

Auch der Raum und seine Gestaltung ist für den Ablauf eines Gespräches von strategischer Bedeutung. Ob Sie ein Beziehungsgespräch in der Küche, im Wohnzimmer, zwischen „Küche und Klo“ oder in einem Restaurant führen, wirkt sich durchaus auf Verlauf und Ergebnis aus. In der Firma ist es ebenfalls relevant, ob Sie ein Gespräch im Chefbüro, im Büro von Mitarbeitern, auf dem Flur, in der Kantine oder in einem separaten Besprechungszimmer führen und wie viele Störungen dabei einkalkuliert sind (fünf Personen = fünf phantasievoll-dramatische Handyklingeltöne?). Auch die Sitzanordnung spielt eine Rolle: Hat ein Chef den Vor-Sitz oder sitzt er mit am runden Tisch?

Bei einer Moderation zwischen zwei Konfliktparteien, die aus je zwei Personen bestanden, ließ sich bei einem ersten Gespräch, bei dem man einander an einem rechteckigen Tisch an beiden Längsseiten gegenüber saß, keine Einigung erzielen. Als für die nächste Gesprächsrunde ein runder Tisch im Raum zu einem gemeinsamen Gespräch einlud, änderte sich die Stimmung schon bei der Begrüßung, die noch im Stehen stattfand.

Bei einem Bewerbungsgespräch für eine Position in einem kleineren Unternehmen hatten die beiden Geschäftsführer den Bewerber so zwischen sich platziert, dass der nur jeweils einen der beiden Gesprächspartner anschauen konnte. Man hatte ihm einen schweren Sessel hingestellt, den er kaum verrücken konnte. So konnte sich der jeweils nicht direkt beteiligte Geschäftsführer ständig neue Fragen ausdenken und den Bewerber von hinten mit neuen Themen überfallen. Der Bewerber löste das Problem erfolgreich, indem er trotz der ungünstigen Positionierung ständig Blickkontakt zu beiden hielt und beide immer wieder ansprach. Nach ca. 15 Minuten überließ der eine der beiden Geschäftsführer dem anderen das Gespräch und ging. Der Bewerber hatte den Test bestanden und wurde eingestellt.

Als Kanzler eines besiegten Volkes arbeitete Konrad Adenauer gezielt darauf hin, von den Vertretern der Siegermächte als gleichberechtigt behandelt zu werden: Zu Beginn seiner Kanzlerschaft in Bonn residierten die Hohen alliierten Kommissare der drei Westzonen auf dem Petersberg im Siebengebirge. In regelmäßigen Abständen musste Adenauer ihnen dort Bericht erstatten, seine Pläne mit ihnen abstimmen und ihre Weisungen entgegennehmen. Dabei besagte das Protokoll, dass er als Vertreter der besiegten Nation nicht zusammen mit den hohen Kommissaren auf demselben Teppich stehen durfte. Er stellte sich doch auf den Teppich. Damit drückte er seinen Anspruch auf Gleichberechtigung und Partnerschaftlichkeit aus. Die Hohen

Kommissare – alle 20 bis 30 Jahre jünger als Adenauer, waren zu gut erzogen, um Herrn Adenauer, gegen den sie persönlich nichts haben konnten, wieder vom Teppich zu weisen. Unter allerlei Vorwänden der Terminnot und auch wegen seiner angeblich angegriffenen Gesundheit und seinem hohen Alter lockte er dann bald die Hohen Kommissare, zunächst einzeln und jeweils ohne Wissen der beiden anderen, zu „vertraulichen Gesprächen" zu sich nach Bonn ins Kanzleramt herunter. Irgendwann lud er dann alle drei gleichzeitig ein, ohne sie darüber zu informieren. Da hatte er sie alle bei sich. So erwarb er sich zunehmend den Rang eines Staatschefs, der, wenn auch nicht im juristischen Sinne, so doch faktisch den Hohen Kommissaren mindestens gleichrangig, wenn nicht gar höherrangig gegenübertreten konnte. Gerade von Konrad Adenauer kann man sagen, dass er sehr bewusst und gezielt mit solchen strategischen Mitteln arbeitete. Nicht zuletzt ihm und seiner Schläue ("Der alte Fuchs") war es zu verdanken, dass die Bundesrepublik Deutschland schon nach wenigen Jahren als einigermaßen gleichwertiges Mitglied in die Staatengemeinschaft aufgenommen wurde.

Als sich der amerikanische Präsident Ronald Reagan und der russische Präsident Michail Gorbatschow zu einer ihrer ersten persönlichen Verhandlungen auf einem Schiff im Mittelmeer treffen wollten, setzte Michail Gorbatschow es kurzfristig durch, das Gespräch nicht auf dem amerikanischen, sondern auf dem russischen Kreuzer stattfinden zu lassen. Als Grund dafür gab er an, er fürchte bei der stürmischen See auf der Überfahrt zum amerikanischen Schiff seekrank zu werden. Das Fernsehen zeigte Bilder von beiden Konferenzräumen: Der amerikanische Konferenztisch war so groß, dass sich die beiden Präsidenten daran in mehr als zwei Meter Abstand gegenüber gesessen hätten. Der Kontakt wäre förmlich und offiziell geblieben, und Ronald Reagan hätte kaum von seiner Vorstellung der Sowjetunion als dem „Reich des Bösen" ablassen brauchen. Konferenzraum und Tisch auf dem russischen Schiff waren dagegen viel kleiner und die beiden Präsidenten saßen einander nur durch einen etwa 75 cm breiten Tisch getrennt in unmittelbarer persönlicher Nähe gegenüber. Entsprechend ergab sich eine vertrauliches und intimes Verhältnis zwischen beiden. Nachher flaxten die beiden Präsidenten wie Schuljungen miteinander und trieben ihre Späße. Es entstand so etwas wie Kameradschaft. Schließlich sprachen sie sogar von Freundschaft. Veränderung der Weltgeschichte durch einen schmäleren Tisch? Man sollte es nicht ausschließen. Die Gestaltung des Raumes ist von strategischer Bedeutung für die psychologische Wirkung.

Die Auswahl von Gesprächspartnern

Für eine Gehaltsverhandlung ist es vorteilhafter, sich mit seinem Vorgesetzten zu besprechen, als sich bei seinen Kollegen zu beschweren. Gelegentlich führt man sie aber am allerbesten mit der Sekretärin des Chefs, denn die weiß den Wunsch einer Erhöhung vielleicht zum rechten Zeitpunkt am günstigsten zu platzieren.

In manchen Fällen, in denen es zwei Verhandlungspartnern nicht gelingt, zu einer Vereinbarung zu kommen, liegt das daran, dass die beiden vom Typ und Charakter nicht zueinander passen. Es kann auch daran liegen, dass der Dolmetscher zwischen ihnen die spontan verlaufende Kommunikation so behindert, dass keine Wärme im Gespräch aufkommt. Vielfach können Sie entsprechend einen großen Fortschritt erzielen, wenn Sie eine Verhandlung an andere Personen delegieren. Aber auch das Gegenteil, dass sich zwei nur deshalb einigen können, weil sie sich persönlich besonders gut verstehen, ist möglich:

Bei Abrüstungsverhandlungen zwischen den USA und der Sowjetunion in Genf gelang es den Delegationen vermutlich wegen der Weisungen ihrer Präsidenten über mehrere Jahre hinweg nicht, nennenswerte Fortschritte zu erzielen. Doch dann tönte es plötzlich wie ein Schrei der Erleichterung durch die Weltöffentlichkeit: Die Chefunterhändler beider Seiten haben sich auf einem Waldspaziergang auf eine Lösung verständigt. Offenbar war nach dem häufigen Zusammensein während vieler Verhandlungsjahre zwischen den beiden so viel Vertrautheit entstanden, dass sie sich in der stillen Atmosphäre

> eines Waldes jenseits von strategischem Kalkül und Politpoker entspannt und vernünftig von Mensch zu Mensch unterhalten konnten. Mindestens dem amerikanischen Präsidenten war die Veröffentlichung dieser Übereinstimmung unangenehm, und er rief seinen Unterhändler unmittelbar daraufhin ab.

Bei vielen Konferenzen, Besprechungen und Verhandlungsrunden werden die wesentlichen Fortschritte während der Pausen erzielt. Deshalb ist es durchaus empfehlenswert, Pausenzeiten bewusst und gezielt wahrzunehmen. Wenn Sie in Pausen meinen, sich per Fax oder Telefon an anderen Projekten beteiligen zu müssen, verpassen Sie oft die besten Chancen Ihrer gegenwärtigen Veranstaltung.

Die beste Verhandlungsführung nutzt Ihnen nichts, wenn Sie den falschen Gesprächspartner haben oder den Hebel an der falschen Stelle ansetzen. Insofern sollten Sie frühzeitig prüfen und herausfinden, wer überhaupt zuständig und kompetent für Ihr Anliegen ist. Sie sollten sich direkt und nur an die betreffende Person wenden, auch wenn sich vorher schon andere als Gesprächspartner anbieten. Ein geniales Beispiel, wie man den Hebel an der richtigen Stelle ansetzt, lieferte der ehemalige deutsche Bundeskanzler Helmut Kohl:

> Oft wurde die Frage gestellt, wie es Helmut Kohl mit seinem gerade in seinen frühen Jahren rhetorisch recht unbeholfenem Auftreten in der Öffentlichkeit geschafft habe, Kanzler zu werden. Ihm fehlte vieles, was man von einem erfolgreichen Wahlkämpfer und Kanzler erwartet hätte. Dennoch hat er es geschafft. Ein wichtiger Schachzug jenseits aller Wahlkämpfe war dabei, den damaligen FDP-Vorsitzenden Hans Dietrich Genscher auf seine Seite zu bringen. Indem der mit seiner Partei in eine Koalition mit der CDU/CSU umschwenkte – und nicht durch eine allgemeine Wahl – wurde Helmut Kohl Kanzler. Dieser „Wende“ ging eine jahrelange (strategische?) Duz-Freundschaft zwischen Kohl und Genscher voraus, während sich Genscher noch mit seinem damaligen Koalitionspartner Helmut Schmidt nur distanziert siezte.

Die Rollen der Gesprächspartner

Gesprächspartner können sich gleichrangig oder in hierarchisch über- bzw. untergeordneten Verhältnissen treffen. Auch das sind strategische Rahmenbedingungen. Manchmal sind sie wie zwischen Chef und Mitarbeiter fest vorgegeben, in anderen Fällen können Sie sie aber beeinflussen und anders einstellen.

Manchmal können Sie einen schwierigen Gesprächspartner entschärfen, wenn Sie ihn in eine andere Rolle bringen und ihn zum Beispiel „ehrenhalber" zum Moderator einer Veranstaltung wählen lassen. Dann hat er die Ehre, aber kann sich per Geschäftsordnung inhaltlich nicht mehr an der Diskussion beteiligen. Einen Scharfmacher können Sie vielleicht ausgeschalten, indem Sie ihm die Rolle eines Vermittlers zuweisen. Einen Profilneurotiker können sie zu neutralisieren versuchen, indem Sie ihm eine Spezialaufgabe, zu der sonst niemand Lust hat, zuweisen, und ihn sich daran profilieren lassen. Oder aber Sie versuchen, Leuten Rollen zuzuweisen, für die sie geeignet sind und in denen sie sich als „nützliche Idioten" bezahlt machen können.

> Ein Chef erzählte von einer älteren Mitarbeiterin, die ihm und den anderen Kollegen des Hauses das Leben durch ihre Geschwätzigkeit erschwerte. Zu ändern war sie nicht mehr. Da kam er auf die Idee, sie dem Betriebsprüfer vom Finanzamt als Betreuerin an die Seite zu stellen. Die Prüfung dauerte mehrere Monate, und der bedauernswerte Prüfer hatte kaum noch Gelegenheit, sich auf seine Arbeit zu konzentrieren.

Die meisten Menschen leben gleichzeitig in einer Vielzahl von Rollen, und Sie können sich überlegen, in welcher Sie sie am leichtesten oder sinnvollsten mit Ihren Intention ansprechen können.

> Ein Vorgesetzter kann zugleich gleichaltrig sein, aus dem selben Ort stammen, ebenfalls Vater oder Mutter sein, derselben Partei oder Glaubensgemeinschaft angehören etc. und in einer dieser Rollen besonders leicht ansprechbar sein.

Ein katholischer Bundespräsident muss aufpassen, in welcher Rolle er dem Papst begegnet: Als katholischer Laie ist er dem Papst untergeordnet und Weisungsempfänger. Als Staatschef ist er ihm gleichgeordnet, als Präsident einer der führenden Wirtschaftsmächte ist er ihm überlegen. Je nachdem, in welcher Rolle er ihn treffen will, muss auch das strategische Umfeld von Ort, Raum und Zeit sorgfältig geplant werden. Eine „Wallfahrt" nach Rom ist für ein gleichwertiges Treffen weniger günstig, als den Papst am Rande einer Welthungerhilfekonferenz zu treffen. Häufig wird der Papst auch nach einem Arbeitsbesuch beim italienischen Regierungschef als quasi „folkloristische Beigabe" eines Rombesuchs absolviert. Der Papst hingegen handelt klug, wenn er, um nicht als Staatsoberhaupt eines Zwergstaates behandelt zu werden, als Oberhaupt der größten Glaubensgemeinschaft der Welt auftritt.

Die Geschäfts- und Tagesordnung

Eine weitere Grundeinstellung für Gespräche ist die Tagesordnung. Was nicht in ihr enthalten ist, wird nicht diskutiert oder nur unter „Sonstiges" kurz abgehandelt. Was aber an erster Stelle steht, frisst in der Praxis oft mehr als die Hälfte der zur Verfügung stehenden Zeit. Insofern sollten Sie prüfen, an welchen Platz einer Tagesordnung Sie Ihr Thema vorzugsweise stellen. Wichtige Themen, die ausführlich diskutiert haben wollen, sollten Sie möglichst oben auf die Tagesordnung platzieren. Falls es nicht möglich ist, sie dort zu platzieren, sollten Sie lieber bis zur nächsten Besprechung Geduld haben. Themen dagegen, über die Sie heftige Auseinandersetzungen fürchten, lassen Sie am besten zu einem Zeitpunkt diskutieren, zu dem schon alle Gesprächsteilnehmer erschöpft sind und möglichst schnell nach Hause möchten, also zum Beispiel am Freitagnachmittag ab 16.00 Uhr. Für ganz besonders wichtige Themen können Sie gegebenenfalls selbst als Gastgeber auftreten und eine separate Besprechung einberufen.

In der „hohen Politik“ sind unter Spitzenpolitikern wirklich offene Gespräche selten. Meist wird vorab diplomatisch ausgelotet und festgelegt, über welche Themen man sprechen kann und welche unerwünscht sind.

> Als Anfang 1995 der Kurs des US-Dollars seinen historischen Tiefststand seit dem Zweiten Weltkrieg erreichte und dadurch für andere Länder der Export in die USA wesentlich erschwert wurde, verweigerte es der amerikanische Finanzminister auf einem Weltwirtschaftsgipfel der sieben führenden Industrienationen das Thema „Dollarkurs“ auf die Tagesordnung zu setzen. In den offiziellen Begegnungen wurde es dann tatsächlich nicht besprochen.

Wichtig ist außerdem die Geschäftsordnung, das heißt die festgelegten Spielregeln von regelmäßigen Besprechungen wie dem Familienrat oder der Abteilungsleiterbesprechung. Darin sind oft bedeutsame Einflussmöglichkeiten verteilt und festgelegt. Folgende Fragen können Sie deshalb einmal prüfen und eventuell auch öffentlich klären lassen:

- Wer hat das Recht, die Veranstaltung einzuberufen?
- Wie oft findet diese Veranstaltung statt, und wer bestimmt das?
- Wer darf dabei worüber abstimmen?
- Wer bestimmt den Ort der Veranstaltung?
- Wer bestimmt die Tageszeit?
- Wer bestimmt die Teilnehmer und deren Zahl?
- Wer bestimmt die Themen?
- Wer erteilt und entzieht das Wort?
- Welche Sanktionen gibt es?
- Welche Entscheidungsabläufe gibt es?
- Wer legt die Tagesordnung fest?
- Wer schreibt gegebenenfalls ein Protokoll, und was wird darin aufgenommen?
- Wer legt die Geschäftsordnung fest?
- Gibt es eine verbindliche Geschäftsordnung und wo steht die?
- Von wann stammt diese Geschäftsordnung und wann wurde sie zuletzt überarbeitet?

Es wird deutlich, wie viel Macht und Einfluss durch eine Geschäftsordnung ausgeübt werden kann. Auch die Verfassungen von Staaten sind solche Geschäftsordnungen. Sie sollten sich nicht zurückhalten lassen, diese Regeln zu hinterfragen und gegebenenfalls für deren Änderung zu sorgen. Da selten vorher klar ist, wer eine Geschäftsordnung wozu ge- oder missbrauchen will, ist Wachsamkeit geboten. Manchmal kann es auch das letzte Mittel der Verweigerung gegen zugemutete Maßnahmen oder Entscheidungen sein, die Tauglichkeit einer Geschäftsordnung zu bezweifeln und Ungerechtigkeiten, Anmaßungen oder Ungereimtheiten, die darin enthalten sind, aufzudecken. Sind Sie selbst Veranstalter oder Einladender, steht es zunächst Ihnen zu, selbst eine Geschäftsordnung zu erstellen. Das ist sinnvoll und empfehlenswert, weil es einerseits für alle eine Klarheit im Ablauf bedeutet, Sie andererseits aber auch vor unliebsamen Überraschungen schützen kann. Es kann vorkommen, dass es günstiger ist, eine ganze Veranstaltung durch eine Diskussion über die Geschäftsordnung oder auch über die Tagesordnung platzen zu lassen als sich auf ungünstige Rahmenbedingungen einzulassen.

Auch dieses Beispiel zeigt die bedeutende Rolle strategischer Grundeinstellungen für den Erfolg in Kommunikationssituationen. Auf dieser Ebene wird der Rahmen für Situationen geschaffen, innerhalb dessen sich die handelnden und kommunizierenden Personen später bewegen. Oft ist es deshalb am wirkungsvollsten, wenn Sie den Hebel gezielt auf dieser Ebene ansetzen und sich dadurch günstige Voraussetzungen für das Gelingen der Kommunikation auf den anderen Ebenen verschaffen.

Emotionen und Beziehungen

Mit vorhandenen Antrieben und Grundeinstellungen müssen Sie so klar kommen wie sie vorhanden sind. Aktuelle Emotionen können Sie dagegen innerhalb eines Gesprächs gezielt beeinflussen. Eine Beziehung, die eben noch von negativen Emotionen belastet war, kann nach einer Klärung auch wieder von freundschaftlicher Sympathie beherrscht werden. Wie schafft man die Wende?

In jeder Kommunikation treten Menschen zueinander in Kontakt. Beziehungen können Ihr Schwergewicht auf einer bestimmten Ebene haben und sind hinsichtlich ihrer Art durch die dominante Ebene gekennzeichnet:

Ebene	Beziehungsart
Geist / Reflexion	Vertrauensbeziehungen: Lebensgemeinschaften, Ehe
Sachposition / Vernunft	Sachbezogene Gemeinschaften: Forschungsgemeinschaften, Projekt-Teams, Eigentümergemeinschaften
Interesse	Interessengemeinschaften Zweckgemeinschaften
Emotion	Herzensbeziehungen: Liebe / Hass, Freundschaft / Feindschaft
Grundeinstellung	Wertegemeinschaften: Glaubensgemeinschaften, Rechtsgemeinschaften, Mannschaften, Teams
Antriebe	Triebbeziehungen: Motivationsgemeinschaften
Lebensenergie / Identität	Familie: Verbindung als Eltern, Verbindung als Geschwister, Eltern-Kind-Beziehungen

Abbildung 12: *Beziehungsarten*

Jede Beziehung wird durch die Emotionen bestimmt, die die Gesprächspartner in ihr aufeinander richten. In einer Ehe, Lebens-, Glaubens-, Interessen- oder Eigentümergemeinschaft können positive oder negative Emotionen herrschen. Eine Triebbeziehung kann von Lust bestimmt sein. In Eltern-Kind-Beziehungen können im Lauf der Jahre alle möglichen Emotionen vorkommen. Umgekehrt muss eine Liebesbeziehung keine Glaubens- oder Rechtsgemeinschaft sein und eine Vertrauensbeziehung muss keine Liebesbeziehung sein; sie kann auch unter Geschäftspartnern bestehen.

Wenn eine Beziehung harmonisch läuft, herrschen in ihr positive Emotionen vor. Wenn negative Emotionen auftreten, liegt eine Beziehungsstörung vor. Das kann zum einen daran liegen, dass auf einer Ebene unterschiedliche Erwartungen oder Vorstellungen aufeinander treffen, zum anderen daran, dass die Beziehungswünsche von Partnern aus unterschiedlichen Ebenen resultieren beziehungsweise sich auf unterschiedliche richten. Decken sich diese Wünsche nicht oder werden sie vom anderen ignoriert, kommt es zum Konflikt. Vielen Konflikten können Sie vorbeugen, wenn Sie frühzeitig die gegenseitigen Erwartungshaltungen (= Grundeinstellungen) offen klären.

Wenn man zwischen dem Klima (= Grundeinstellung) einer Beziehung und flüchtigen einzelnen Emotionen unterscheidet, verträgt ein positives Grundklima durchaus einige negative Emotionen. Eine Häufung davon über längere Zeit kann allerdings das Klima belasten.

Ist eine Beziehung durch aktuelle Emotionen wie Ärger, Misstrauen oder Antipathie gestört, so ist ein konstruktives Gespräch auf der Sachebene solange unwahrscheinlich, wie die Störung auf der Beziehungsebene vorliegt. Grundsätzlich können Sie davon ausgehen, dass Sie gegen negative Emotionen nicht mit Sachargumenten ankommen.

> Sie können sich die beiden feindseligen Ingenieure vorstellen, die sich in jeder Mitarbeiterbesprechung kühl und „sachlich" darüber in die Haare kriegen, dass die technische Lösung des anderen überholt, zu kostspielig oder nicht stabil genug sei. An scheinsachlichen Argumenten wird es keinem von beiden mangeln.

Wir müssen uns also die Frage stellen, wie Sie konstruktiv mit akuten negativen Emotionen umgehen und sie auflösen können. Die Wiederherstellung eines guten Gesprächsklimas hat jedenfalls Vorrang vor allen inhaltlichen Sachaspekten im Gespräch.

Je nachdem, von wem die negativen Emotionen in einem Gespräch ausgehen, gibt es zwei Ansätze, damit umzugehen. Der eine handelt davon, wie Sie emotionale Widerstände von Gesprächspartnern abbauen können. Der andere zeigt, wie Sie eigene negative Emotionen konstruktiv in ein Gespräch einbringen können. In der Praxis werden Sie oft beide Methoden abwechselnd innerhalb eines Gesprächs einsetzen müssen.

Zuvor noch ein paar Hinweise, wie Sie überhaupt Widerstände erkennen und sie vorbeugend vermeiden können:

Erkennen und Vermeiden von Widerständen

Die Hauptschwierigkeit beim Erkennen von Widerstand liegt darin, dass außerhalb des privaten Bereichs Widerstand meistens mit Sachargumenten getarnt wird. Wer sich über Sie geärgert hat, weil Sie eines seiner Grundbedürfnisse übersehen haben, und Ihnen deshalb nicht zustimmen will, wird leicht ein paar scheinsachliche Gründe finden, um seine Verweigerung zu rechtfertigen. Wenn Sie dann sachlich dagegen argumentieren würden, würde sich ein solches Gespräch sinnlos in die Länge ziehen. Insofern gilt es, zwischen sachbezogenen Einwänden (Sachebene) und sachlich getarnten Widerständen aus anderen Ebenen zu unterscheiden. Mit Konzentration auf Tonfall, Nachdruck und Körpersprache ist es möglich, die hintergründigen Emotionen wahrzunehmen. Bei einem sachbezogenen Einwand können Sie annehmen, dass er grundsätzlich behebbar ist und Sie über ihn diskutieren können. Er erscheint in Form eines Problems, das entweder gelöst werden kann oder nicht. Bezüglich eines Einwandes können Sie prüfen:

- Liegt dieses Problem tatsächlich in diesem speziellen Fall vor?
- Ist es in diesem speziellen Fall prinzipiell lösbar?
- Ist die Lösung für beide Gesprächspartner akzeptabel?
- Ist der Aufwand zu einer angemessenen Lösung des Problems vertretbar?

Die Prüfung und Auflösung eines solchen Einwandes kann dann in einem sachlichen Gespräch erfolgen.

Wenn Sie dagegen den Eindruck gewinnen, dass es sich nur um einen sachlich getarnten Widerstand handelt, können Sie das auf folgende Weise testen: Fragen Sie: „Angenommen, dieser Einwand könnte ausgeräumt werden, wären Sie dann mit der von mir vorgeschlagenen Lösung einverstanden?“ Wenn Sie als Antwort erhalten: „Ja, sicher, ich weiß nur nicht, wie das gehen soll“, dann liegt ein sachliches Bedenken vor, das Sie argumentativ auszuräumen versuchen können. Vielfach erhalten Sie aber auch die Antwort: „Nein, denn außerdem würden dann noch folgende Probleme auftauchen." Diese Antwort deckt den Vorwandcharakter dieses Einwands auf. Hinter der Fassade gibt es dann ein tieferes emotionsbesetztes „Nicht-Wollen".

> Ein Mann sagt zu seiner Frau: „Bitte mach doch mal das Fenster auf, hier ist so schlechte Luft." Sie antwortet: „Nein, ich möchte, dass das Fenster zu bleibt, ich kriege sonst kalte Füße." Daraufhin macht er die Probe auf „Einwand" oder „Vorwand" und schlägt vor: „Wenn ich dafür sorgen würde, dass du keine kalten Füße bekommst, machst du dann das Fenster auf?"
>
> Im Falle eines Einwandes würde die Frau dann beispielsweise antworten: „Ja natürlich, ich will mich bloß nicht erkälten." So kann er ihr anbieten: „Hättest du lieber eine Decke oder deine warmen Pantoffeln?"
>
> Falls jedoch die Sorge um kalte Füße nur ein Vorwand der Frau gewesen ist, könnte sie antworten: „Ach, mach das Fenster doch selber auf, immer soll ich für dich springen!" Der eigentliche Grund des Widerstandes würde damit sichtbar. Sie ist mit der Rollenverteilung in der Beziehung unzufrieden. Hier wäre nun ein Gespräch zur Beziehungsklärung angebracht: „Du fühlst dich also von mir herumkommandiert?" – „Allerdings, ich habe dir schon etwas zu essen gekocht und dir eben deine Zeitung geholt, ich bin doch nicht dein Dienstmädchen." Es wird deutlich, dass ein Gespräch über kalte Füße das Problem nicht gelöst hätte.

Immer wenn Sie sich nicht sicher sind, ob ein Argument nicht vielleicht nur ein Vorwand ist, empfiehlt es sich, es wie einen Widerstand zu behandeln. Relativ offen, aber doch so verdeckt, dass viele Menschen ihn nicht wahrnehmen, tritt Widerstand in folgenden Gestalten auf:

- *Verbal* in Formulierungen wie „Ja, aber", „Nein", „Ich will das nicht", „Das geht nicht", „Hören Sie auf damit", „Im Moment kommt das für mich nicht in Frage" etc.

- Im *Ausdrucksverhalten:* Durch Nachdruck, Betonung und insbesondere auch durch die Länge von Widerspruch wird deutlich, wie stark die entgegenstehende psychische Energie ist.
- *Körpersprachlich:* Durch abwehrende Gesten, kürzere oder längere Unterbrechungen des Blickkontaktes, zusammengekniffene Augen, zurückgelegten oder abgewendeten Kopf, im Sitzen durch Abwenden des Oberkörpers, im Stehen durch Zurückweichen. Aber auch das Zusammenziehen des Mundes, der Finger oder das Zurückziehen der Füße kann Hinweis auf Widerstand sein. Wenn Sie solche körpersprachlichen Signale bei Zuhörern wahrnehmen, lohnt es sich kaum, selbst weiterzusprechen. Besser ist es, wenn Sie innehalten und Ihren Gesprächspartnern Gelegenheit geben, den vorliegenden Widerstand zu zeigen und auszusprechen.

Die aufgeführten Signale deuten auf Widerstand hin. Sie können Ihnen aber auch zeigen, dass Sie mit Ihren bisherigen Überzeugungsversuchen wenig erfolgreich waren. Viele Menschen versuchen in einer solchen Situation, Ihre Bemühungen, andere zu überzeugen, zu verstärken. Dadurch reizen sie aber nur den Widerstand der Gegenseite noch mehr. Insofern sollten Sie als Sender behutsam vorgehen und vorzubeugen versuchen. Ein „Nein“ oder ein „Nicht“ mag von der Sachebene her gesehen angemessen sein. Es hat aber immer auch eine Wirkung auf der Beziehungsebene. Wenn demjenigen, der etwas will, ein „Nein“ geantwortet wird, wird er das auf seiner Antriebsebene als persönliche Zurückweisung empfinden. Insofern verwenden Sie anstelle von „Nein“, „Nicht“ oder „Ja, aber“ besser Formulierungen wie: „Lieber wäre mir ...“, „Eine andere Möglichkeit wäre ...“, oder auch „Aha, Sie wollen also ...“, „Nach meiner Ansicht sieht es so aus ...“. Mit solchen Formulierungen lassen Sie Äußerungen Ihres Gesprächspartners unberührt stehen, ohne sie zurückzuweisen. Ihre eigene Meinung können Sie dann unabhängig daneben stellen. Die Bereitschaft Ihrer Gesprächspartner, eine gegensätzliche Meinung anzuhören, ist bei diesen Formulierungen deutlich höher.

Auch durch eine Konfrontation mit Positionen werden Sie meist Widerstand erzeugen. Einfühlsamer und wirkungsvoller ist stattdessen die

Methode der argumentativen Hinleitung, wie sie bei den Ausführungen zur Sachpositionsebene beschrieben wird. Doch wie können Sie negative Emotionen bei Anderen abbauen, falls sie trotzdem entstanden sind oder schon mit in eine Begegnung hineingebracht werden?

10 Schritte, negative Emotionen bei Gesprächspartnern abzubauen

Wenn ein aufgebrachter Mensch zu Ihnen ins Zimmer stürmt, stellt sich das Problem des Widerstandes unvermeidbar und unmittelbar. Wie können Sie damit umgehen und wieder eine positive Beziehung herstellen? Das Problem besteht darin, dass Sie weder den anderen durch falsche Reaktionen weiter provozieren möchten, noch Opfer seiner starken Emotionen werden wollen.

Widerstand und Aggressivität lassen sich am wenigsten durch Widerspruch abbauen, sondern am besten, indem Sie ihn beziehungsweise sie zulassen. Das kann natürlich nicht heißen, dass Sie inhaltlich nachgeben oder einem Angreifer Recht geben. Da er sich im Recht fühlt, muss er psychologisch aber so behandelt werden wie jemand, der Recht hat. Wie kann das geschehen?

1. Weder „ja“ noch „nein“ ist dafür ein taugliches Wort, wohl aber „aha“. Damit nehmen Sie auf der Antriebs- und Beziehungsebene psychologisch an, was Ihr Gesprächspartner gesagt hat, sachlich aber bleiben Sie mit dem Wort „aha“ neutral.

2. Setzen Sie einem Angriff so wenig Widerstand entgegen wie ein Sandstrand einer Welle: Die Welle läuft aus und zieht sich zurück. Gegen einen Felsen würde sie hoch aufschäumen. Ihr Partner soll sich seinen Ärger von der Seele reden. Selbst wenn er falsche Aussagen macht, ist ein interessiertes „Aha“ hilfreicher als sachliche Richtigstellung. Insbesondere Übertreibungen sollten Sie als symbolische Aussagen betrachten, durch die ein erregter Gesprächspartner ausdrückt, wie stark ihn etwas emotional betroffen hat.

3. Einen Menschen, der sich gerade übergibt, sollten Sie nicht versuchen zu füttern. Das heißt: Solange jemand sich noch nicht entladen hat, ist es zwecklos, ihn mit einer anderen Sicht des Sachverhalts zu konfrontieren.

4. Nachgeben sollten Sie nicht als Mittel des Beruhigens einsetzen. Es gibt Fälle, in denen Sie inhaltlich nicht nachgeben können. Wenn Sie die folgenden Punkte beherzigen, haben Sie damit eine andere Beruhigungsstrategie, die auch ohne Nachgeben wirkt.

5. Jede verbale oder nonverbale Ermunterung weiterzusprechen wirkt auf erregte Personen beruhigend. Sie sollten nicht einfach davon ausgehen, dass Gesprächspartner, die aufhören zu sprechen, sich zureichend entladen haben. Bei den meisten Menschen ist mehrfache Ermunterung zum Weitersprechen erforderlich, bis Sie am Tonfall und der Gestik erkennen können, dass sie sich beruhigt haben. Durch „Zwischenstops“ vergewissert sich Ihr Gesprächspartner vor allem, ob Sie ihn weitersprechen lassen oder ob Sie bereits so provoziert sind, dass er mit gefährlichen Gegenschlägen rechnen muss. Ermutigende Signale können Sie in Form von leichtem Nicken, Zuwendung von Kopf, Blick und Oberkörper oder dem beim Telefonieren gebräuchlichen Geräuschen wie „hm“, „ja“, „so“ etc. geben. Auch ansonsten peinliche Pausen können Sie mit solchen Signalen gezielt füllen, um andere zum Weitersprechen zu bewegen und dabei zusätzliche Aspekte aufzudecken.

6. Den Prozess der Entladung können Sie fördern und beschleunigen, indem Sie den emotionalen Gehalt des Widerstandes oder Angriffs selbst in Worte fassen und damit Ihr Verständnis unter Beweis stellen. Die günstigste Form einer solchen Verbalisierung ist eine Feststellung in Satzform, wie zum Beispiel: „Aha, Sie ärgern sich also über mich, weil Sie sich nicht von mir ernst genommen gefühlt haben“, „Sie sind also enttäuscht“ oder „Sie machen sich also Sorgen darum.“ Der Sinn eines solchen „Statements“ ist es, einem Gesprächspartner zu signalisieren, dass Sie seine Gefühle ernst nehmen und bejahen. Er wird dadurch bestärkt, sich emotional weiter zu öffnen. Dabei können Ihnen seine hintergründigen Motive und Absichten deutlicher werden. Optimal ist es, wenn Sie als Zuhörer eine andere Person besser verste-

hen, als die sich selbst verstanden hat. Hierin liegt vor allem die Aufgabe von Beratern und Psychologen. Je klarer ein Problem, desto leichter ist es auch zu lösen.

7. Um ein stockendes Gespräch wieder in Fluss zu bringen, können Sie auch Fragen stellen. Sie sollten dabei aber darauf achten, weder geschlossene Fragen zu stellen noch Fragen, die nur auf einen Sachgehalt abzielen. Besser sind Fragen nach den tieferen Ebenen, die Gesprächspartnern Gelegenheit geben, ihre Gefühle und Bedürfnisse zu äußern: „Was empfinden Sie dabei?“ Oder: „Was bedeutet das für Sie?“ Fragen Sie also nicht nach Wissen, sondern nach einer emotionalen Stellungnahme. Wenn Sie so Emotionen, Einstellungen und Bedürfnisse von Gesprächspartnern in den Mittelpunkt von Gesprächen stellen, können Sie damit rechnen, dass sie sich zunehmend wohlfühlen und sich Ihnen mit Sympathie zuwenden und öffnen.

8. Auch Zusammenfassungen des emotionalen Gehalts eines Gesprächs helfen, schneller eine positive Beziehung wiederherzustellen. Immer wenn erregte Gesprächspartner einer solchen Zusammenfassung ihrer Unzufriedenheit zustimmen können, schwenkten sie durch diese Zustimmung in Richtung einer positiveren Beziehung ein. Sammeln Sie also „Jas“, und bauen Sie damit Stein für Stein ein neues Beziehungshaus.

9. Bevor Sie den Abbau von Widerstand für beendet halten und als nächste Phase die sachliche Klärung einleiten, sollten Sie zu Ihrer Sicherheit noch eine Testfrage stellen. Sie können damit herausfinden, ob Ihre Gesprächspartner tatsächlich ihren emotionalen Druck losgeworden sind. Sie können fragen: „Darf ich Ihnen jetzt einmal meine Meinung zu dieser Angelegenheit sagen?“ und hören Sie sorgfältig auf die Antwort. Nur wenn die befragte Person mit einem entspannten: „Ja bitte“ antwortet, sollten Sie die nächste Gesprächsphase eröffnen. Schon ein noch leicht genervter Tonfall sollte Sie dagegen veranlassen, auch diesen noch einmal zu verbalisieren, zum Beispiel: „Na, ich habe den Eindruck, Sie erwarten davon nichts Gutes?“ Manchmal rutscht dann noch eine Ladung von Widerstand nach, und Ihrem Gesprächspartner fallen noch ein paar Steine mehr von der Seele.

10. Während dieser gesamten Phase sollten Sie bestimmte Verhaltensweisen vermeiden: Unterbrechen Sie ihre Gesprächspartner nicht, reden Sie nicht von sich selbst, stellen Sie keine konkreten Sachfragen, reagieren Sie auf seine Äußerungen nicht wertend, insbesondere bei emotionalen Äußerungen nicht abwehrend, verharmlosend oder beschwichtigend. Sie sollten auch weder Ratschläge erteilen noch moralische Bewertungen einfließen lassen. Auch Ratschläge sind Schläge. Akzeptieren Sie einfach alles, was ein anderer äußert, als wohltuende Entladung für diese Person.

Nachdem durch diese Schritte die Erregung Ihrer Gesprächspartner abgeklungen ist und die Testfrage bestanden wurde, können Sie mit der nächsten Gesprächsphase beginnen: an eine sachliche Klärung zu gehen. Da die Gefahr eines Rückfalls nicht ausgeschlossen ist, müssen Sie bei erneutem Widerstand sofort bereit sein, wieder ausschließlich die hier dargestellten Verhaltensweisen anzuwenden.

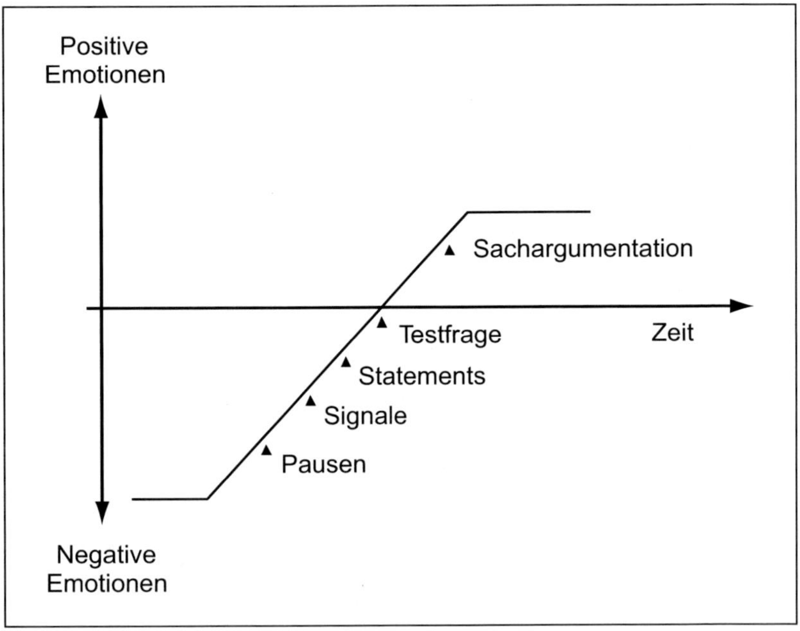

Abbildung 13: *Abbau negativer Emotionen*

Eigene negative Emotionen konstruktiv einbringen

Ihre eigenen, aus Höflichkeit zurückgehaltenen oder unterdrückten negativen Emotionen belasten eine Beziehung unterschwellig ebenfalls und behindern dadurch konstruktive Problemlösungen. Deshalb ist es wichtig, dass Sie konstruktive Ausdrucksmöglichkeiten dafür finden. Erinnert sei vorab an eine Erfahrung, die Sie vielleicht auch schon gemacht haben: Beziehungen gewinnen eine neue Vertrauensqualität, wenn man in einem Konflikt miteinander die Erfahrung machen konnte, dass beide dabei fair und anständig geblieben sind. Im Streit zeigen Menschen meist ihr „wahres Gesicht“ und entlarven dabei schnell sonstige Freundlichkeit als Lüge. So lernt man Menschen kennen. Nach einem Streit mag man mit einem solchen Menschen dann eventuell nichts mehr zu tun haben. Um also Klarheit über einen anderen Menschen zu gewinnen, gilt tatsächlich die Regel: „Nur keinen Streit vermeiden!“ Unausgedrückte Emotionen können eine unerträgliche Spannung zwischen Partnern entstehen lassen. Erst wenn sie im Streit abgelassen sind, ist es wieder möglich, normal miteinander umzugehen. Nicht umsonst sagt man: „Ein Gewitter reinigt die Luft.“

Sie können aber auch andere Menschen mit Ihren Emotionen schwer verletzen. Das geschieht insbesondere, wenn Sie Personen mit der ganzen Wucht Ihrer Emotionen abwerten: „Du bist ein Lügner!“ Oder: Du bist einfach unerträglich!“ Speziell bei Kindern, die ihr Selbstwertgefühl erst aufbauen, kann das verheerende Folgen haben:

> Zu dem schon wieder etwas kränkelnden fünfjährigen Sohn sagte der Vater wütend: „Ach, du bist doch ein Verreckling!“ Der Sohn hatte es jahrelang vergessen. Als er sich dann aber nach einem Gehirnschlag, den er mit 26 Jahren hatte, auf die Suche nach den seelischen Ursachen seiner Kopfschmerzen, seiner Einsamkeitsgefühle und Beziehungsängste machte, fiel ihm dieser Satz wieder ein und löste sofort Tränen aus. Dieses Urteil lastete wie ein Fluch auf ihm. Nachdem er daraufhin einige Zeit an der Befreiung seines Lebenswillens gearbeitet hatte, hörten die Kopfschmerzen auf und traten nur noch in besonderen Stresssituationen auf.

Bei erwachsenen Menschen, deren Selbstwertgefühl (auf welchem Level auch immer) stabil ist, müssen Sie damit rechnen, dass diese sich wehren und pauschalierende Verurteilungen zurückweisen. Weniger verletzend ist es, wenn Sie nicht die ganze Person, sondern nur einzelne Verhaltensweisen kritisieren. Doch selbst mit einem solchen Urteil können sie Menschen, die in wohlmeinender Absicht gehandelt haben, noch kränken. Insofern liegt eine wirklich konstruktive Lösung nicht in dubezogenem Tadel, sondern eher darin, dass Sie Ihrer Gefühle, die durch das Verhalten der anderen Person bei Ihnen ausgelöst wurden, in der Ich-Form ausdrücken. Statt: „Sie lügen!" sagen Sie also besser: „Es fällt mir schwer, das zu glauben!" Oder anstatt: „Quasseln Sie doch nicht so viel!" sagen Sie besser: „Es fällt mir schwer, mich noch länger zurückzuhalten, jetzt möchte ich Ihnen meine Meinung dazu sagen." Sie können sogar laut werden, wenn Sie dabei in der „Ich-Form" formulieren: „Jetzt werde ich aber wütend, ich ertrage es nicht länger, hier jetzt die ganze Zeit nicht zu Wort zu kommen. Wenn ich jetzt nicht gleich zu Wort komme, verlasse ich den Raum." Durch solches Verhalten geben Sie Ihren Gesprächspartnern klare Hinweise auf Ihre Stimmung und informieren sie über Ihre emotionale Reaktion auf ihnen zugemutete Verhaltensweisen.

Dabei ist es wichtig, dass Sie sich klar und verständlich ausdrücken. Vielfach werden Leute Sie nicht verstehen wollen, weil das eine Verhaltensänderung verlangen würde. Wenn Sie dann in der Ich- Form bleiben, ist es durchaus vertretbar, eine Situation mit steigendem Nachdruck eskalieren zu lassen. Es gibt Menschen, die vor lauter Höflichkeit und Harmoniesucht auch in Konflikten nur im freundlichen Tonfall auf andere einreden. Ihre Steigerungsmöglichkeit besteht hauptsächlich darin, sich auf Bitten, Betteln und Nachgeben zu verlegen. Die Ich-Form bietet da andere Möglichkeiten. Zwar mögen diese Formulierungen Überwindung kosten: „Ich will das nicht!" Oder: „Wenn sich in unserer Ehe nicht bald etwas ändert, kriegen wir ernsthaft Krach!" Aber sie sind zumindest nicht so verletzend wie persönliche Beschimpfungen und Beleidigungen. Und wenn Wut Ihre Wahrheit ist, dann können Sie das nicht klar genug sagen. Manche Menschen wachen erst auf und werden Sie erst ernst nehmen, wenn Sie Porzellan zerschlagen. Sicher ist das kein wünschenswertes Mittel, aber zur Not kann es wirkungsvoll sein.

Anstatt jahrelang Ihre Wut in sich hineinzufressen und dann so auszurasten, dass Sie gewalttätig werden, sollten Sie dazu in der Lage sein, eine Eskalation Stufe um Stufe voranzutreiben und Ihre Partner langsam, aber konsequent dahin zu biegen, dass sie Ihre Bedürfnisse und Gefühle respektieren und mit einbeziehen.

Harmoniesucht ist ein Hauptgrund für plötzlich ausbrechende aufgestaute Emotionen. Das Wort „Aggression" bedeutet von seiner Wortherkunft lediglich „Herangehen". Die Kunst der Aggression liegt also darin, an eine schmerzende Situation heranzugehen und sie so zu ändern und neu zu gestalten, dass sie verbessert wird. Aggressionsenergie ist Änderungsenergie. Zerstörerische Aggressivität ist nur die negative Abart davon. Zusätzlich weist der Begriff „Problemlösung" darauf hin, dass ein Problem durch „Lösung" gelöst wird. Das kann bedeuten, sich von einem alten Zustand zu lösen, sich von Erwartungen an einen anderen Menschen zu lösen oder aber auch, sich von einem anderen Menschen zu lösen, das heißt: zu trennen. Wenn Sie innerhalb von Beziehungen keine Lösungen finden, dann ist es oft besser, die Beziehung zu lösen.

Mit den hier gezeigten Methoden können Sie sich von Verhaltensweisen lösen, die negativ wirken. Sie können negative Emotionen bei anderen auflösen und andere auch mit Ihren eigenen Emotionen besser konfrontieren. Das alles sind Mittel, um Konflikte in Beziehungen offenzulegen und zu bereinigen. Sie gewinnen damit die Kraft, um schiefe Beziehungen wieder gerade zu biegen. Wenn Sie den Mut haben, kräftig zu biegen, werden Sie vieles in Ihrem Sinn hinbiegen können. Dass Sie dabei für eine dauerhaft positive Beziehung auch die Interessen und Gefühle Ihrer Partner berücksichtigen und mit einbeziehen sollten, versteht sich von selbst. Es mag aber auch Fälle geben, in denen sich ein anderer Mensch oder eine Situation als so starr und unbeugsam erweisen, dass es beim Versuch, sie zu biegen, zu einem Bruch kommt. Wenn etwas Belastendes aber nicht zu biegen ist, wird in den meisten Fällen ein Bruch die sauberste Lösung sein. Man mag dabei einige Illusionen loswerden und „enttäuscht" sein, das Ende einer Täuschung bietet aber zugleich immer die Chance für einen Neuanfang. So sollten Sie nicht aus Ängsten und aus Harmoniesucht an alten, unguten Zuständen festhalten, sondern

Ihre Fähigkeiten einsetzen, um (Beziehungs-)Situationen konstruktiv zu wandeln. Erweist es sich dabei, dass es zum Bruch kommt, so können Sie darin eine Befreiung von altem Ballast und die neu entstandene Freiheit als Chance für eine neue „Leichtigkeit des Seins" sehen. Das Schlimmste ist, wenn Sie aus Angst vor einem Bruch gar nicht erst den Versuch des Biegens wagen und dadurch dauerhaft in alten Schmerzen steckenbleiben.

Intentionen und Interessen

Jeder meint zu wissen, was er will. Deshalb geht man oft mit festen „Positionen" in Gespräche, trifft auf Gegenpositionen und endet im Streit. In vielen Fällen lässt sich Streit vermeiden, wenn Sie sich frühzeitig Ihre eigenen Interessen und die Ihrer Gesprächspartner bezüglich einer bestimmten Angelegenheit klarmachen.

Während die Antriebsebene von psychischen Motiven handelt, geht es auf der Interessenebene um sachbezogene Motive. Im Beispiel des Kaufs einer goldenen Uhr wäre „Selbstdarstellung" ein psychisches Motiv und „ein wertvolles Geschenk machen wollen" das Interesse.

Interessen können fast immer durch mehrere alternative Positionen befriedigt werden. Mit etwas Kreativität können sie meist eine Fülle von Möglichkeiten finden. Wenn Sie für ein Interesse verschiedene taugliche Sachlösungen, mit denen Sie selbst leben können, anzubieten haben, brauchen Ihre Gesprächspartner nur noch auszuwählen und Sie müssen weder eigene Positionen rechtfertigen noch die der anderen Seite angreifen.

Sieg, Niederlage und Kompromiss

Auseinandersetzungen über Positionen verhärten sich leicht zu Machtkämpfen. Wenn Gesprächspartner versuchen, mit nachgeschobenen Gründen ihre Positionen zu halten und zu verteidigen sowie gegnerische Positionen zu schwächen, werden Gespräche schnell destruktiv und können kaum noch zu einem für beide Seiten befriedigenden Ergebnis führen.

In einem solchen Machtkampf geht es dann um *Sieg* oder *Niederlage*. Siege aber können Sie nur auf Kosten von Niederlagen erringen, und wer unterliegt, wird leicht zu einem Feind, der auf Rache sinnt. Insofern sollten Sie Siege nicht unbedingt als anstrebenswerte Gesprächsergebnisse betrachten.

Wenn sich dagegen Gesprächspartner in einem Machtkampf als annähernd gleich stark erweisen, wird sich das Ergebnis als Patt oder in Form eines *Kompromisses* darstellen. Unter Kompromiss sei dabei eine Lösung verstanden, bei der man einander entgegenkommt und teilweise seine ursprünglichen Positionen aufgibt. Meistens wird eine Zwischenposition irgendwo zwischen den ursprünglichen Positionen ausgehandelt, bei einem idealen Kompromiss wäre sie genau in der Mitte:

Forderung ______________________________ Angebot
10 Euro | 8 Euro
Kompromiss
9 Euro

Was ist nun von einem Kompromiss zu halten? Bei genauerer Betrachtung hat ein Kompromiss vier bedeutende Nachteile:

1. Je mehr Argumente beide Partner aufführen, um die Unverrückbarkeit ihrer ursprünglichen Position zu beweisen, desto größer wird für jeden der Gesichtsverlust, wenn er anschließend doch wieder von seinem Turm von Argumenten heruntersteigen muss.
2. Wenn es absehbar ist, dass ein Gespräch auf einen Kompromiss hinausläuft, können beide Gesprächspartner in Versuchung geraten, mit ihren Forderungen zu pokern und sie hochzutreiben. Dann geht es darum, wer am besten pokern kann. Wer eigentlich 10 Euro fordern wollte, fordert dann statt dessen 12 Euro, um zwischen 8 Euro und 12 Euro dann 10 Euro als „fairen" Kompromiss durchzusetzen. So verführt die Kompromissstrategie zu Täuschung und zu getarnten Betrugmanövern.
3. Wenn ein Produzent 10 Euro für ein Produkt fordert und mit einem Euro Gewinnspanne kalkuliert, kostet ihn ein Kompromiss auf 9 Euro seinen Gewinn. Der ideale „faire Kompromiss" erweist sich damit für

ihn als eine schlechte Lösung. Umgekehrt gilt das Gleiche für den Käufer, der 8 Euro angeboten hat. Wenn er ebenfalls mit einer Gewinnspanne von einem Euro kalkuliert, würde ein solcher Kompromiss auf 9 Euro auch seinen Gewinn auf Null reduzieren.

4. Bei einem Kompromiss kann keiner der Partner sein ursprüngliches Ziel durchsetzen. Deshalb wird auch keiner mit dem Kompromiss vollständig zufrieden sein. So enthält jeder Kompromiss den Keim zu späteren Streitigkeiten und von Anfang an eine gewisse „Fäulnis".

Aus den genannten Gründen ist es besser, wenn Sie mit Ihren Gesprächpartnern zusammen auf die Suche nach Lösungen zu gehen, die für beide Seiten akzeptabel sind. Ein Weg zu einer solchen befriedigenden Lösung soll hier gezeigt werden. Es ist der von der Dialektik angebotene Weg zur *Synthese*.

Die Synthese als Problemlösungsstrategie

Ziel der Synthesetechnik ist es, gegensätzliche Positionen zu überwinden. Das gelingt am besten, wenn Sie von Anfang an die Interessen in den Mittelpunkt der Betrachtung stellen. Wenn Sie hinter den Positionen Ihrer Gesprächspartner deren *Interessen* erkennen und sich zugleich Ihrer eigenen Interessen bewusst sind, können Sie daraus die Aufgabe und Fragestellung eines Gesprächs neu definieren. Es geht dann nicht mehr um die Frage: „So oder so?", sondern um die Frage: „Wie lassen sich die *Interessen* beider Seiten miteinander verbinden?" Oder: „Welche Lösung ist geeignet, sowohl die eigenen als auch die Interessen der anderen Seite zu befriedigen?"

Eine solche Lösung heißt seit über 2000 Jahren „*Synthese*". In ihr werden nach klassischer Formulierung „These und Antithese aufgehoben". Dieser Satz entschlüsselt sich, wenn Sie das Wort „aufheben" in drei Hinsichten verstehen:

1. Die Positionen werden „aufgehoben" wie man einen Vertrag aufhebt, also gelöscht.

2. Die Interessen werden „aufgehoben" im Sinn von aufbewahrt – wie man etwa einen Schatz aufhebt.
3. Die Lösung wird auf ein problemgerechteres und damit höheres Niveau (auf)gehoben.

Während ein Kompromiss relativ simpel zu konstruieren ist, indem man „halbe-halbe" macht, ist der geistige Aufwand, um zu einer Synthese zu gelangen, meist höher. Eine Synthese ist eine „intelligentere" Lösung. Im Gegensatz zum Kompromiss bleibt man dabei nicht im ursprünglichen Rahmen der Sachpositionen, sondern integriert die Interessen und sucht dann nach alternativen Lösungen auf der Sachebene, die beide Seiten befriedigen. Die dabei auftauchenden neuen Ideen sind oft sehr überraschend und leicht einigungsfähig.

Die folgenden Beispiele zeigen Ihnen, wie Synthesen aussehen können:

> Wasser würde Feuer löschen. Feuer würde Wasser verdampfen. Beide Elemente sind also gegensätzlich und löschen sich auf gewisse Weise gegenseitig aus. Wie kann man sie in einer Synthese vereinigen? Eine Dampfmaschine ist das physikalische Beispiel einer gelungenen Synthese: Beide Elemente werden in größtmöglicher Nähe in zwei geschlossenen Behältern durch Metall getrennt, und wirken dann nicht mehr gegeneinander sondern erzeugen zusammen ein erhebliches Maß an nutzbarer Kraft. Die Synergie wird durch Nähe und gleichzeitige Trennung erzeugt.
>
> Als jemand von einem Freund um 1 000 Euro für einen Urlaub angepumpt wurde und sich wegen der Rückzahlung Sorgen machte, wäre ein Kompromissvorschlag von 500 Euro beiden Seiten nicht dienlich gewesen. Der um ein Darlehen Gebetene erkundigte sich, bis wann der andere das Geld zurückzahlen wolle. Dessen Antwort lautete: „In vier Monaten." Ein Überziehungskredit bei der Bank kostete 12 Prozent. Da war die Rechnung und die Lösung einfach: 1 000 Euro zu 12 Prozent auf vier Monate kosten 40 Euro Zinsen. Der Angepumpte schlug seinem Freund vor, die 1 000 Euro bei seiner Bank zu leihen und schenkte ihm 40 Euro für die Zinsen. Die Lösung konnte beide befriedigen: Der eine bekam das Geld für seinen Urlaub und der

Andere war die Sorge um die Rückzahlung los. Und das Problem hatte nur noch die Größe von 40 statt 1 000 Euro.

Eine Firma hat ein neues Bürogebäude bezogen. Schon nach wenigen Tagen kommt von Mitarbeitern die Anfrage, ob es denn wirklich notwendig sei, dass die Türen der Aufzüge auf jeder Etage so lange offen bleiben müssten. Nach ein paar Wochen werden daraus echte Beschwerden. Eine Anfrage bei der Herstellerfirma des Aufzugs ergibt, dass kürzere Zeiten in dieser Version nicht eingestellt werden können. Dafür seien ein Umbau und eine aufwändige neue Programmierung im Umfang von etwa 48 000 Euro erforderlich. Da im Vertrag kein Passus über die Öffnungszeiten der Türen enthalten ist, bleibt strittig, wer die Kosten zu tragen hätte. Da der Aufzughersteller sich auf den Vertrag bezieht, scheint ein Kompromiss ausgeschlossen. Schließlich kommt ein Mitarbeiter auf die Idee, gegenüber jeder Aufzugstür im Flur einen großen Spiegel anzubringen, in dem sich die Fahrgäste bei den Fahrtunterbrechungen sehen könnten. Da das wesentlich kostengünstiger ist und überzeugt, wird es so durchgeführt. Tatsächlich bleiben seitdem weitere Beschwerden der Mitarbeiter aus. Das Problem ist nicht hinsichtlich der Öffnungszeiten sondern hinsichtlich der Empfindungen der Fahrgäste auf einer anderen Ebene gelöst worden.

Beim Kauf eines gebrauchten Klaviers wollte sich der Händler nicht auf eine Preisverhandlung einlassen. Er erklärte: „Wir haben feste Preise und sind hier nicht auf einem Bazar." Sein Interesse lag in einem seriösen Image. Das Interesse des Käufers dagegen war es, möglichst wenig Geld auf den Tisch legen zu müssen. Schließlich fand sich eine Synthese, die aus drei Aspekten bestand:

- Drei Prozent Skonto bei Barzahlung.
- Ein Klavierhocker im Wert von 180 Euro war im Preis enthalten.
- Zehn Prozent Nachlass bei Verzicht auf die fünfjährige Garantie wurden gewährt. Mit diesem Punkt wurde ein weiteres Interesse des Händlers abgedeckt, nämlich sein Risiko loszuwerden.

Eine deutsche Chemiefirma versuchte mehrere Jahre lang, ihre Produkte an eine skandinavische Firma zu verkaufen. Sie erhielt jedoch keinen Auftrag, weil sie mit ihren Angeboten immer zu teuer war. Eine Reduzierung des schon scharf kalkulierten Preises hätte das Geschäft aber zu einem Verlustgeschäft werden lassen. Eine Synthese fand sich, als die deutschen Verkäufer eine Möglichkeit fanden, die Gesamtkosten für die skandinavische Firma zu reduzieren: Ihnen fiel auf, dass eine ihrer Tochterfirmen wöchentlich eine Materiallieferung in Skandinavien einkaufte und nach Deutschland transportierte. Auf der Hinfahrt fuhren die Lkws jeweils leer. In diese leeren Lkws rechneten die Verkäufer dann ihre Produkte hinein. Da die Transportkosten nahezu bei Null lagen, konnte das deutsche Unternehmen plötzlich alle Konkurrenten unterbieten und erhielt prompt einen großen Auftrag. Der Nutzen lag auf beiden Seiten.

Ein Kaufhauskonzern wollte kurz vor Beginn des Winterschlussverkaufs noch 10 000 Herrenhemden für eine Wühltischaktion ordern. Beabsichtigt war, die Hemden für 10 Euro zu verkaufen. Dazu sollten sie für ungefähr 8 Euro eingekauft werden. Kaufhaus und Lieferant hatten beide das Interesse, Gewinn zu machen. Der Lieferant konnte aber nur Hemden für 10 Euro anbieten. Folgende Synthese wurde schließlich gefunden: Frühere Erfahrungen des Lieferanten hatten gezeigt, dass sich Hemden mit Krawatte zu 15 Euro fast in der gleichen Menge verkauften wie Hemden zu 10 Euro. Der Preis dafür betrug 12 Euro. So orderte der Kaufhauskonzern 8 000 Hemden mit Krawatten für je 12 Euro und gewann damit eine Handelsspanne von 3 Euro je Einheit und konnte selbst bei 2 000 Hemden weniger damit insgesamt größeren Gewinn machen als mit 10 000 Hemden, die für 8 Euro eingekauft worden wären. Außerdem konnte die eingesparte Verkaufsfläche zusätzlich gewinnbringend für Unterwäsche verwendet werden.

Diese Beispiele zeigen, wie eine Synthese aussehen kann. Es geht nicht um den Preis, sondern darum, wie beide beteiligten Seiten einen möglichst guten Gewinn erwirtschaften können. Es geht auch nicht darum, ob Sie als Freund einen Kredit gewähren oder nicht, sondern darum, wie der andere das notwendige Urlaubsgeld bekommt etc.

Ein Kompromiss ist gewissermaßen mechanisch zu konstruieren, zu einer Synthese braucht man Kreativität. Wichtig ist dabei die richtige Fragestellung. Ja-Nein-Fragen sind grundsätzlich nicht synthesetauglich. Entweder-Oder-Fragen ebensowenig. Eine Synthese können Sie systematisch in folgenden Schritten erarbeiten:

1. Verschaffen Sie sich Klarheit über Ihre eigenen Interessen und die der anderen Seite. Häufig werden Sie dabei Positionen, die Sie schon formuliert haben, noch einmal aufgeben und sich auf Ihre Interessen zurückbesinnen müssen. Idealerweise sollten Sie ein Gespräch durch die Mitteilung Ihrer eigenen Interessen eröffnen und die andere Seite nach deren Interessen befragen. Wenn ein Partner selber schon mit Positionen auftritt, sollten sie diese auf die dahinterliegenden Interessen zu befragen beziehungsweise zu durchschauen. Am leichtesten gelingt das mit den Fragen: „Worum geht es Ihnen? Worauf kommt es Ihnen dabei an? Welche Interessen verfolgen Sie damit?" Häufig können Sie auch selber zusammenfassend formulieren: „Wenn ich Sie richtig verstehe, geht es Ihnen darum, dass Sie ... wollen?"

2. Wenn Sie die Interessen geklärt haben, sollten Sie die Fragestellung des Gesprächs neu formulieren. Eine solche Frage wird im Allgemeinen die Form haben: „Welche Lösungen sind tauglich, um gleichzeitig die Interessen beider Seiten zu befriedigen?" Die meisten Gespräche scheitern schon im Ansatz an einer falschen Fragestellung. Wenn Sie die Frage richtig stellen und sich konsequent von ihr leiten lassen, führt der Weg fast automatisch zu einer Synthese.

3. Im dritten Schritt geht es dann darum, möglichst viele Antworten auf diese Frage zu sammeln. Der Kreativität sind dabei keine Grenzen gesetzt. Diese Antworten können entweder Lösungsalternativen oder nur einzelne Lösungsaspekte beinhalten. Je kreativer und spielerischer Sie dabei vorgehen, desto reicher ist schließlich die Auswahl und desto wahrscheinlicher wird eine Einigung gelingen. Häufig wird die Suche nach Lösungen schon nach den ersten vier oder fünf Alternativen abgebrochen, während die Praxis zeigt, dass oft erst die neunte oder zehnte Idee den Durchbruch zu einer tatsächlich neuen und

genialen Synthese eröffnet. In einem kreativen Brainstorming gilt es, alle alten Denkbarrieren und Denkkonventionen hinter sich zu lassen und alte Probleme neu anzudenken:

> Ein Außendienstleiter einer großen Eiscreme-Firma fragte sich: „Eis kann man überall da verkaufen, wo viele Menschen sind. Aber wo sind noch viele Menschen, wo wir bisher kein Eis verkaufen?“ Und er kam als Erster auf die schließlich sehr erfolgreiche Idee, Tiefkühltruhen mit Eiscreme in Heimwerker-Märkte und Sonnenstudios zu stellen.

4. Verschiedene Alternativen werden häufig hinsichtlich ihre Tauglichkeit oder Realisierbarkeit von den beteiligten Gesprächspartnern unterschiedlich eingeschätzt. Insofern kann es zur Beurteilung der Tauglichkeit dieser Lösungen sinnvoll sein, Beurteilungskriterien zu erarbeiten oder heranzuziehen, die von allen beteiligten Gesprächspartnern als gültig oder objektiv anerkannt werden.

5. Im letzten Schritt geht es dann darum, zu entscheiden. Aus dem Spektrum der zur Verfügung stehenden Lösungsalternativen und -aspekte muss eine verbindliche Auswahl getroffen werden. Es muss geklärt werden, wie gegebenenfalls verschiedene Aspekte zu einer Gesamtlösung miteinander verknüpft werden und was definitiv zu Lösung gehört und vereinbart wird. Das Ergebnis ist dann die Synthese.

Synthesen sind für alle Verhandlungspartner mittel- bis langfristig die beste Form eines Ergebnisses. Ist eine Synthese gelungen, dann können alle damit zufrieden sein.

Verhandlungstechnisch sollten Sie Ihre eigenen Interessen offen auf den Tisch legen und konsequent dabei bleiben. Je flexibler und kreativer Sie dann hinsichtlich der konkreten Sachpositionen sind, mit denen Ihre Interessen natürlich befriedigt werden müssen, desto größer ist Ihre Chance für eine befriedigende Lösung.

Vernunft und Sachpositionen

Jede Synthese muss schließlich mit ihren Lösungen auf der Sachebene landen. Eine Lösung, die erst Wunsch oder Phantasie ist, ist noch nicht real. Sie muss sachlich konkret umgesetzt werden. Die Suche nach einer Synthese ist keine Argumentation für oder gegen etwas, sondern das gemeinsame Bemühen, die Interessen beider Seiten zu verstehen und nach Lösungen, Lösungsalternativen und sinnvollen Kombinationsmöglichkeiten zu suchen. Die Vernunft wird im Sinn von kreativer Intelligenz eingesetzt.

Ein weiterer Aspekt der Vernunft- und Sachpositionsebene, der bei der Beurteilung der Wahrheit, Tauglichkeit und Richtigkeit von Behauptungen oder Lösungsvorschlägen eine Rolle spielt ist die Argumentation.

Aussagen sind in sachlicher Hinsicht nur dann wahr und relevant, wenn sie mit den ausgesagten Sachverhalten übereinstimmen. Das zu erkennen ist Sache der Vernunft. Sie ist unsere Erkenntnisfähigkeit für die äußere Sachwelt und hat zwei Aufgaben:

1. Die nachvollziehbare argumentative Begründung und Darlegung der Wahrheit von Aussagen und Meinungen über Sachverhalte.

2. Die Überprüfung der logischen Folgerichtigkeit von Schlussfolgerungen aus Aussagen. Es gibt Erkenntnisse, die man durch Schlussfolgerungen gewinnen kann; falsche Schlussfolgerungsmethoden führen meist jedoch zu unwahren Aussagen.

Wahrheitsprüfung und -nachweis kann gelegentlich im Labor stattfinden. Dort werden zum Beispiel per Mikroskop Fakten geprüft. Viele Fragen aber lassen sich nicht technisch im Labor analysieren. Ein großer Teil der zu prüfenden Wahrheitsaspekte zwischen Menschen ereignet sich im Gespräch und in der konkreten menschlichen Begegnung: Vermutungen, Hoffnungen, Meinungen, die Einschätzung der Glaubwürdigkeit oder Unglaubwürdigkeit von Behauptungen, Personen oder Prognosen. All das unterliegt keinen im Labor überprüfbaren Wahrheitskriterien und ist doch Grundlage gemeinsamen Handelns und wird deshalb Gegenstand von Gesprächen.

Die theoretisch ideale Gesprächsituation zur Wahrheitsfindung ist ein rationaler Diskurs ohne zeitliche Begrenzung, in dem Gründe und Gegengründe geprüft und gewägt werden. Aus praktischen Zeitgründen und weil auch immer die nicht-rationalen Impulse aus anderen Ebenen Gespräche beeinflussen, gibt es einen solchen Diskurs praktisch zwar nicht, aber er kann als Vision Gespräche leiten.

Folgendes Vorgehen ist zu empfehlen:

1. Überzeugen Sie sich selbst von der Wahrheit einer Aussage, ehe Sie sich bemühen, sie anderen weiterzuvermitteln.

2. Konfrontieren Sie Ihre Gesprächspartner nicht unmittelbar mit einer Meinung oder Forderung, sondern führen Sie sie durch eine gute begründete und nachvollziehbare Argumentation zur Einsicht in Zusammenhänge, aus denen sich Ihre Meinung oder Forderung möglichst zwingend als Schlussfolgerung ergibt.

3. Um sich davor zu schützen, auf falsche oder manipulative Argumentationen hereinzufallen, sollten Sie prüfen, auf welchen Voraussetzungen die Aussagen Ihrer Gesprächspartner basieren und ob ihre Gedankenfolgen in sich logisch schlüssig und in ihrem Zusammenhang richtig gewichtet sind.

4. Um Gesprächspartner von falschen Überzeugungen abzubringen, sollten Sie ihnen zeigen, dass sie

   – entweder von falschen Voraussetzungen ausgehen oder falsche Schlüsse aus richtigen Voraussetzungen ziehen,
   – dass sie sich auf unglaubwürdige Quellen beziehen
   – oder sich durch Missachtung wichtiger Aspekte täuschen.

   Bei solchen widerlegenden Argumentationen ist es besonders wichtig, auf ein gutes Gesprächsklima zu achten. Wenn Sie Ihre Partner in eine Verteidigungssituation bringen, ist es meistens schwerer, Sachverhalte noch sachgerecht zu vermitteln. Falls Ihre Gesprächspartner trotzdem emotional widerstreben, sollten Sie nicht auf Ihre Argumentation bestehen, sondern erst versuchen, den Widerstand psychologisch auf der Emotionsebene zu überwinden. Wenn Sie auf Ihrer

Meinung (Sachposition) beharren, verhärten sich die Fronten. Jedes zusätzliche Argument für beziehungsweise gegen eine Meinung forciert dann den Selbstbehauptungswillen (Antrieb) der Streitpartner und verringert deren psychologische Bereitschaft für eine Annäherung. Nur wenn andere Menschen emotional offen für ein rationales Gespräch sind, können Argumente zu Einsichten führen.

Methodisch gibt es eine Menge technischer Ansätze zur Begründung und kritischen Überprüfung der Wahrheit von Aussagen. Die wichtigsten sollen hier vorgestellt werden. Zuerst aber erfahren Sie die Grundform des Aufbaus einer sinnvollen Argumentation.

Die Grundform der Argumentation

Die meisten Argumentationen, die in der Praxis vorkommen, haben folgende Struktur: Jemand formuliert eine Behauptung (= These) und schiebt dann Argumente hinterher:

Behauptung

+ Argumente

Die *Nachteile* dieser Reihenfolge sind:

- Nachdem „die Katze aus dem Sack ist", ist die Spannung weg, das heißt, ein wesentlicher Teil der Aufmerksamkeit für die Argumente geht verloren.
- Sobald Sie die Behauptung oder Forderung genannt haben, können Ihre Zuhörer ihre *Vorurteile* innerlich dagegen setzen. Diese mindern dann die Wirksamkeit der Argumente nochmals.
- Wenn Ihre These auf Seiten der Zuhörer Widerstand auslöst, wirken alle Argumente psychologisch nur noch als nachgeschobene Rechtfertigungen. Auch in dieser Hinsicht wird damit der Wert und Nutzen der Argumente verringert.

Wirkungsvoller ist es, wenn Sie Ihre Argumente als Mittel einsetzen, um andere zur Einsicht in Sinn und Richtigkeit Ihrer Aussage hinzuleiten. Ihre Zielaussage wird dann nicht mehr als Behauptung oder Forderung empfunden, sondern als Schlussfolgerung eines Gedankengangs. Eine solche hinleitende Argumentation kann dann so aussehen: Sie stellen für ein Problem mehrere Lösungsalternativen vor. Danach führen Sie durch ein oder zwei Argumente eine Entscheidung für eine dieser Lösungsalternativen herbei.

- Problem
- Lösungsalternativen
- Entscheidungsgründe
- Lösung

Damit haben Sie Ihr Ziel, etwas Bestimmtes als Lösung zu vermitteln, erreicht. Die *Vorteile* dieser Struktur sind:

- Es ist relativ leicht, sich mit Gesprächspartnern über das Vorliegen eines Problems zu verständigen.
- Auch darüber, dass dieses Problem auf verschiedene Weise lösbar ist, werden Sie sich verständigen können. Bei den (mindestens zwei und höchstens vier) Lösungsalternativen sollte schon die bevorzugte eigene Lösung enthalten sein.
- Auf die Entscheidungsgründe kommt es an. Sie sind die eigentlichen Argumente. Sie müssen so gewählt sein, dass sie von Ihren Gesprächspartnern akzeptiert werden. Entweder fallen von den Lösungsalternativen dann die anderen als untauglich weg, oder Ihre bevorzugte Lösung hebt sich als die einzig taugliche hervor.
- Die Lösung ist das Ergebnis aus den früheren Argumentationsschritten und folgt zum Schluss als „Schlussfolgerung“. So führen Sie Ihre Gesprächspartner in einem Meinungsbildungsprozess von der Einsicht in ein Problem zu einer nachvollziehbar sinnvollen Lösung dieses Problems.

Diese Form der Argumentation hat psychologisch die Wirkung eines Trichters: Von der breiten Zustimmung, die Sie hinsichtlich des Vorliegens eines Problems erwarten können, führt die Argumentation zu einer Folgerung, die als alleinstehende Forderung eine wesentlich geringere Zustimmung bekommen hätte. Ist die Argumentation logisch stimmig, hat also der Trichter kein seitliches Loch, können Sie Ihre Gesprächspartner über diesen Weg mit hoher Wahrscheinlichkeit zur Akzeptanz einer von Ihnen angestrebten Lösung führen.

Psychologisch können Sie diese Argumentationsform in ihrer Wirkung dadurch verstärken, dass Sie ihre Elemente in „Wenn-dann-Form" verpacken. Das sieht dann so aus:

Wenn Sie ... wollen (Problem) und dabei ... bedenken (Argument), dann müssen Sie ... tun (Schlussfolgerung).

Der Vorteil ist: Sie brauchen nicht um Zustimmung zu „bitten", sondern Sie profilieren sich als „Dienstleister", der aufdeckt, dass es, wenn man X will, logisch, klar und folgerichtig ist, Y zu tun. Wenn die Argumentation folgerichtig ist, kann der, der zustimmt, dass er X tatsächlich will, kaum umhin, auch Y zuzustimmen und zu tun.[5]

Methoden, um die Wahrheit von Aussagen glaubwürdig zu machen

Logische Methoden

Die logisch zwingende Beweisführung (Deduktion – Syllogistik)

Ein deduktiver Beweis besteht aus drei Sätzen: Zwei Vordersätze und einer daraus abgeleiteten Schlussfolgerung. Ein Schluss ist genau dann logisch zwingend, wenn es keinen strukturgleichen Schluss gibt, dessen Vordersätze wahr sind und dessen Folgerung falsch ist. Ein Beispiel: Ist der folgende Schluss zwingend?

- Alle Menschen sind Säugetiere. 1. Vordersatz
- Alle Menschen haben Vater und Mutter. 2. Vordersatz
- Also haben alle Säugetiere Vater und Mutter. Schlussfolgerung

5 Weitere argumentative Grundformen finden Sie in meinem Buch „Rhetorik und Persönlichkeit".

Vergleichen Sie diesen Schluss mit dem nächsten:

- Alle Junggesellen sind Männer. 1. Vordersatz
- Alle Junggesellen sind unverheiratet. 2. Vordersatz

Bei einem strukturgleichen Schluss würde man folgern:

- Alle Männer sind unverheiratet. Schlussfolgerung

Da in beiden Schlüssen jeweils beide Vordersätze wahr sind, die auf gleiche Weise gezogene Schlussfolgerung in einem Fall aber falsch ist, kann man hier nicht von einem logisch zwingenden Schluss sprechen. Zwingend dagegen ist der folgende Schluss:

- Jeder, der in seinem Amt versagt hat, muss daraus entfernt werden.
- Der Minister X hat in seinem Amt versagt.
- Also muss der Minister X aus seinem Amt entfernt werden.

Für diese Form gilt: Jeder strukturgleiche Schluss führt bei wahren Vordersätzen zu einer wahren Schlussfolgerung. In logischer Terminologie lässt sich diese Struktur so ausdrücken:

▶ Wenn alle	M	P sind,	1. Vordersatz
▶ und	S	M ist,	2. Vordersatz
▶ dann ist	S gleich P.		Schlussfolgerung

Schlüsse dieser Art heißen „Syllogismen". Wenn Sie selbst Syllogismen zu Ihren Zielaussagen konstruieren wollen, können Sie in folgenden Schritten vorgehen:

1. Setzen Sie die Zielaussage in der obigen Formel als Schlussfolgerung an letzte Stelle.

2. Setzen Sie das Subjekt (S) Ihrer Zielaussage an die Stelle des S im zweiten Vordersatz ein.

3. Setzten Sie das Prädikat (P) Ihres Zielsatzes an die Stelle des P im ersten Vordersatz ein.

4. Wählen Sie dann einen sinnvollen und wahren Begriff (M), der als M in beide Vordersätze passt.

5. Formulieren Sie nun entlang der Formel die drei Sätze in der richtigen Reihenfolge von oben nach unten.

Beispiel einer syllogistischen Argumentation:

> Alles, was die Umwelt entlastet, sollte unterstützt werden.
>
> Der Bau einer biologischen Kläranlage entlastet die Umwelt.
>
> Also sollte der Bau einer biologischen Kläranlage unterstützt werden.

Im nächsten Beispiel folgen zwei Syllogismen aufeinander:

> Wenn das grundlegende Interesse der Allgemeinheit (M) die Sicherung der natürlichen Lebensgrundlagen (P) ist, und
>
> alles wirtschaftliche Handeln (S) den grundlegenden Interessen der Allgemeinheit (M) dienen muss,
>
> dann muss alles wirtschaftliche Handeln (S) – auch das der Firma XY – der Sicherung der natürlichen Lebensgrundlagen (P) dienen.
>
> Wenn nun aber nichts, was die natürlichen Lebensgrundlagen schwer schädigt (M), toleriert werden kann (P),
>
> und das wirtschaftliche Handeln der Firma XY (S) die Lebensgrundlagen schwer schädigt(M),
>
> dann kann das wirtschaftliche Handeln der Firma XY (S) nicht toleriert werden (P).

Die verallgemeinernde Beweisführung (Induktion)

Bei Induktionsschlüssen wird eine zu beweisende These durch die Verallgemeinerung einzelner Beispiele und Tatsachen gestützt.

> Die Amtszeit einer CDU-geführten Regierung (S) und ein wirtschaftlicher Aufschwung (P) treffen zusammen. Daraus wird dann verallgemeinernd die Folgerung gezogen, dass S und P immer miteinander verbunden auftreten, hier im Beispiel also, dass alle CDU-geführten Regierungen zu einem Aufschwung führen.

Ein solcher Schluss ist nicht zwingend, er führt höchstens zu Wahrscheinlichkeiten. Da die Zusammenhänge, die zu einem Konjunkturaufschwung führen können, zudem sehr viel komplexer sind, ist der hier aufgeführte Schluss sogar sehr fragwürdig. Induktive Schlüsse kommen im Alltagsdenken fast ständig vor und sind dort meistens sehr „kurzschlüssig". Sie verführen zu unzulässigen Verallgemeinerungen. Wie verführerisch induktive Schlüsse sein können, zeigt folgendes Beispiel:

> Gold, Silber, Eisen und Blei sind Metalle.
>
> Sie alle sind schwerer als Wasser.
>
> Also sind alle Metalle schwerer als Wasser.

Die hier gezogene Folgerung ist falsch, denn Kalium ist leichter als Wasser.

Die Naturwissenschaften arbeiten allerdings weitgehend induktiv: Aus einer Vielzahl von Beobachtungen wird induktiv auf Gesetzmäßigkeiten hin geschlossen. Auch das Gesetz der Schwerkraft ist induktiv gewonnen. Als wissenschaftliche Methode induktiver Schlüsse wurde die Statistik entwickelt. Dabei wird von repräsentativen Stichproben ausgegangen und versucht, systematisch verallgemeinernd auf eine Gesamtheit zu schließen. Prognosen über Einzelfälle sind dabei nicht möglich. Selbst wenn man alle Fälle aus der Vergangenheit kennen würde, gäbe es keine logische Notwendigkeit, dass der nächste Fall genauso verläuft. So führen induktive Schlüsse nur zu Wahrscheinlichkeitsaussagen über zukünftige Ereignisse.

Vorsicht also, dass Sie nicht auf induktive Schlüsse hereinfallen. Wenn Sie selbst Schlüsse aufgrund von Erfahrungen und Einzelbeobachtungen ziehen wollen (und das ist für Zukunftsprognosen unumgänglich) dann sollten Sie nicht mehr als einen hohen Wahrscheinlichkeitsgrad daraus ableiten.

Indizien als Beweismittel

Aus der Beobachtung, dass jemand einen Schirm öffnet, schließt man: Es regnet. Aus der Beobachtung, dass ein Gegenstand gestern noch hier gestanden hat, heute aber weg ist, schließt man: Er wurde gestohlen.

Beim Schluss aus Indizien werden Fakten interpretiert. Dazu greift man auf Erfahrungen, Annahmen, Vermutungen zurück. Je mehr Indizien man nennen kann, desto deutlicher rundet sich ein Bild ab. Indizienschlüsse sind ebenfalls Wahrscheinlichkeitsschlüsse, man kann nichts zwingend aus Indizien folgern. Viele tragische Justizirrtümer zeigen, wie falsch Indizien auch interpretiert werden können. Dennoch kommt man ohne Schlüsse aus Indizien nicht aus.

Beweis durch Widerlegung der Gegenthese

Liegt bei einer These eine logische „Zweiwertigkeit" vor, das heißt gibt es nur ein Entweder-Oder, dann kann die Widerlegung der Gegenthese als Beweis für die These gelten. Eine solche Zweiwertigkeit liegt vor bei Entscheidungen wie: „lebt oder ist tot", „existiert oder existiert nicht". Bei diesen Alternativen gibt es keine dritte Möglichkeit. Zweiwertigkeit liegt nicht vor bei der Frage, ob jemand Deutscher oder Franzose sei. Er könnte auch anderen Nationalitäten angehören.

Psychologische Methoden

Verweis auf Gemeinplätze und Plausibilitäten

Wenn Sie zeigen können, dass eine Situation durch ein bestimmtes Sprichwort treffend gekennzeichnet ist, können Sie dessen Autorität zugunsten Ihrer Aussage als Argument in die Waagschale werfen. Beispiel: „Wissen Sie, auf eine solche Strategie möchte ich mich lieber nicht einlassen. Wer andern eine Grube gräbt, fällt oft selbst hinein."

Verweis auf Wahrscheinlichkeiten

Auch Wahrscheinlichkeit oder eine aus Erfahrung begründete Vermutung sind Gründe, die eine These stützen können. Auch ohne direkte sachliche Grundlage sind solche Gründe ernst zu nehmen. In der Abwägung von Für und Wider fallen sie oft schwer ins Gewicht und schützen eine These zumindest davor, leichtfertig verworfen zu werden.

Verweis auf Autoritäten

Wenn Ihnen die Sachinformationen fehlen oder wenn sie zu kompliziert sind, um dargelegt zu werden, genügt oft der Hinweis darauf, dass diese Meinung auch von einer anerkannten Kapazität auf diesem Gebiet vertreten wird, um sie anderen glaubwürdig zu machen. Sie sollten allerdings darauf achten, dass die Person, die Sie zitieren, in dem Kreis, vor dem Sie sprechen, tatsächlich anerkannt ist. Die Aussage eines Arbeitgeberpräsidenten wird im Gewerkschaftskreis nur wenig beeindrucken.

Anknüpfen an vorhandene Meinungen und Einstellungen

Wenn Sie an Meinungen und Einstellungen anknüpfen können, die schon bei Ihren Gesprächspartnern vorhanden sind, fällt es leichter, sie zu einer Meinung hinzuführen. Wenn Sie zeigen können, dass Ihre These als Voraussetzung oder Folgerung im Einklang mit Meinungen oder Einstellungen Ihrer Gesprächspartner steht, wird sie leichter angenommen werden.

Einwandvorwegnahme

Hilfreich ist es auch, wenn Sie gleich damit anfangen, Bedenken und Einwände Ihrer Gesprächspartner auszusprechen und dann beiseite zu räumen. Diese Argumentationsform heißt „Prolepsis". Gut vorbereitet wirkt sie sehr überzeugend, weil sie sachlich, differenziert, überlegt und überlegen wirkt und nur schwer angreifbar ist. Wichtig ist dabei vor allem, dass die von Ihnen vorweggenommenen Einwände tatsächlich gewichtige Einwände Ihrer Gesprächspartner sind oder sein könnten. Je deutlicher Sie sich vorab mit deren Zweifel und Bedenken auseinandersetzen, desto wirkungsvoller können Sie proleptisch argumentieren. Je deutlicher sich ein Gesprächspartner in den genannten Einwänden wiederfindet, desto zugänglicher wird er für Ihre Argumentation werden. Das Vorgehen bei proleptischer Argumentation lässt sich in fünf Gedankenschritte unterteilen:

1. Schildern Sie das Problem und nennen Sie kurz und prägnant Ihre Lösung (die These) dafür.

2. Formulieren Sie dann sofort mögliche Einwände Ihrer Zuhörer gegen diese These: „Nun werden Sie natürlich sagen ..."
3. Schwächen beziehungsweise widerlegen Sie diese Einwände.
4. Bringen Sie zusätzliche stützende Argumente für Ihre These.
5. Folgern Sie Ihre These als Problemlösung daraus.

Hinweis auf angestrebte Werte oder Ziele

Häufig ist gar nicht der Zweck oder das Ziel einer diskutierten Maßnahme umstritten, sondern der Weg dahin. Vielfach lässt sich ein Streit dann durch Verweis auf die gemeinsam anerkannten Werte und Ziele entschärfen. Wenn Sie den direkten Bezug auf die Verwirklichung dieser Zwecke deutlich machen, wird Ihre eigene These beziehungsweise Position leichter durchsetzbar. In anderen Fällen können Sie eine Maßnahme auch dadurch argumentativ aufwerten, wenn Sie zeigen, dass ein übergeordneter Wert mit Ihrem Vorschlag besser verwirklicht werden kann, als mit einer anderen Maßnahme. Auch hier müssen Sie darauf achten, die Werte und Ziele Ihres Zuhörerkreises richtig einzuschätzen. Weitgehend anerkannte übergeordnete Werte sind heutzutage beispielsweise: Freiheit, Demokratie, Gerechtigkeit, Sicherung und Schaffung von Arbeitsplätzen, Frieden und Umweltschutz.

Methoden zur kritischen Prüfung der Wahrheit von Aussagen

Logische Methoden

Aufdecken eines unzulässigen oder falschen Schlusses

Wenn Sie zeigen können, dass in einer deduktiven Beweisführung eine Struktur benutzt wurde, aus der sich keine logisch zwingenden Schlussfolgerungen ergeben, können Sie die Ungültigkeit einer Schlussfolgerung aufdecken. Wenn aus Beobachtungen, Erfahrungen, Vermutungen oder Indizien induktiv verallgemeinernde Schlüsse gezogen werden, die mehr als Wahrscheinlichkeiten behaupten und Prognosen für Einzelfälle erstellen, können Sie auch deren Unzulässigkeit aufdecken. Am überzeugendsten können Sie das tun, wenn es Ihnen gelingt, strukturgleiche, aber offensichtlich zu falschen Ergebnissen führende Schlüsse zu demonstrieren.

Auf die Aussage: „Sie können mir vertrauen, ich will schließlich auch keinen Ärger haben und bin ein friedliebender Mensch", könnte man in diesem Sinne antworten: „Auch Hitler gab sich als friedliebend aus und wollte solange er aufrüstete mit seinen Nachbarn möglichst wenig Ärger haben. Trotzdem waren seine Beteuerungen nicht vertrauenswürdig. Viele wollen sich auf Kosten anderer bereichern ohne Ärger dabei zu bekommen. Wenn Sie mich überzeugen wollen, hätte ich gerne eine Sicherheit von Ihnen, auf die ich mich wirklich verlassen kann."

Bezweifeln der Voraussetzungen

Jede Behauptung setzt anderes voraus. Wenn Sie die Voraussetzungen einer Behauptung erkennen und zeigen können, dass sie nicht stimmen, stürzt damit die Behauptung. Im induktiven und deduktiven Beweis muss vom Gesprächspartner mindestens eine Voraussetzung genannt werden. Mit etwas Training lässt sich meistens eine Menge stillschweigend gemachter Voraussetzungen erschließen, aufdecken und prüfen.

Wer behauptet, dass er ein guter Chef sei, weil er gut zuhören könne, setzt damit stillschweigend voraus: Jeder, der gut zuhören kann, ist ein guter Chef. Diese Aussage stimmt aber nicht. Ein guter Chef muss zusätzliche Eigenschaften haben.

Aufzeigen von implizierten unerwünschten Konsequenzen

Jede These führt zu irgendwelchen Konsequenzen. Folgerichtig zu Ende gedacht, kann sich daraus manches ergeben, was nicht wünschenswert erscheint oder sich sogar gegen die Absicht des Sprechers wendet. Ein Beispiel:

Wenn jemand sagt: „Wer bei seiner Aufgabe versagt, soll ersetzt werden“, dann würde das in der Konsequenz bedeuten, dass keiner mehr Gelegenheit erhalten würde, seine Lehren, die er aus Fehlern gezogen hat, an seiner Stelle umzusetzen. Man bräuchte also jemanden, der (ohne je Fehler gemacht zu haben) alles kann. Den gibt es aber nicht. Die Forderung ist demnach nicht ernsthaft haltbar.

Unterscheidung verschiedener Hinsichten

Sie können prüfen, ob eine plausibel klingende Aussage tatsächlich in jeder Hinsicht wahr ist. Häufig zeigen sich Aspekte, denen man nicht zustimmen kann. Diese kann man dann aufdecken und die Aussage differenzierter betrachten.

Wenn jemand sagt: „Wir brauchen mehr Kernkraftwerke“, könnten Sie darauf antworten: „Wenn Atomkraftwerke die einzige Möglichkeit wären, unseren Energiebedarf künftig zu decken, würde ich Ihnen zustimmen. Wenn es aber risikoärmere und billigere Möglichkeiten gibt, unseren künftigen Energiebedarf dauerhaft zu decken, bin ich dafür, diese Möglichkeiten vorzuziehen und vorrangig zu entwickeln. Da gibt es beispielsweise ...“

Entgegenstehende Fakten

Häufig muss man auch darauf hinweisen, dass der Verwirklichung einer Forderung Fakten entgegenstehen, die nicht zu ändern sind.

Demjenigen, der vorschlägt, am Freitag in 14 Tagen einen Betriebsausflug zu machen, muss vielleicht entgegengehalten werden: „Für diesen Tag ist die große Präsentation unseres neuen Projektes vor dem Vorstand angesetzt, das hat wohl Priorität.“ Oder: „Wir sollten dafür ein neues Gerät anschaffen.“ Antwort: „Vielleicht ist Ihnen entgangen, dass unser Budget für dieses Jahr aufgebraucht und für das nächste Jahr schon völlig verplant ist, das geht also nicht.“

Psychologische Methoden

Andere Gewichtung von Argumenten

Wahre Argumente können falsch gewichtet sein. Dann müssen Sie deren Wichtigkeit im Verhältnis zu anderen Aspekten zeigen. Aussagen können verharmlosend oder dramatisierend eingesetzt werden.

> Jemand fordert: „Unser Ort braucht dringend eine neue Umgehungsstraße." Antwort: „Ja, das wäre einerseits wünschenswert. Wenn das andererseits aber auch nur jeder zweite Ort zwischen 5 000 und 10 000 Einwohnern fordern würde, dann bedeutete das eine zusätzliche Asphaltfläche in Deutschland von 400 bis 600 Quadratkilometern. Das können Sie doch nicht ernsthaft wollen! Ich meine, jeder weitere Quadratmeter Asphalt ist zu viel."

Wechsel der Argumentationsebene

Einem auf der Sachpositionsebene schroff vorgetragenen Argument könnten Sie zum Beispiel auf der Beziehungsebene entgegensetzen:

> „Sollen wir wirklich darüber streiten? Wir haben schon so viele Probleme gemeinsam bewältigt, dass wir auch hier eine Lösung finden sollten, die uns beide zufrieden stellt."

Während dies ein positives Signal wäre, ist auch das Gegenteil vorstellbar. Insbesondere vor Zeugen können Sie die Wirkung von Sachargumenten schwer beschädigen, wenn Sie auf frühere Fehler des Sprechers hinweisen und seine Unzuverlässigkeit oder Inkompetenz aufdecken. Zweifel an der persönlichen Integrität schaden der Glaubwürdigkeit all dessen, was diese Person sagen mag. Es mag zwar böse klingen und auch einige Höflichkeitskonventionen überschreiten, aber vor schwerwiegenden Entscheidungen mit großen Risiken ist es unerlässlich, die Glaubwürdigkeit seiner Verhandlungspartner sorgfältig zu prüfen:

> „Sie haben schließlich sogar Ihre Frau jahrelang mit mehreren Freundinnen betrogen, wie sollen wir da sicher sein, dass Sie nicht auch uns grob hintergehen?"

Da soll der andere Ihnen erst einmal zureichende Sicherheiten für seine Glaubwürdigkeit anbieten.

Spiegelung und Überspitzung

Um zu prüfen, wie sicher sich ein anderer seiner Aussage ist, können Sie darauf entgegnen: „Sie wollen also ernsthaft behaupten, dass..." und seine Aussage einfach noch einmal wiederholen. Die meisten Menschen erkennen dann selbst schon mögliche Schwach- und Angriffspunkte ihrer Behauptungen und relativieren oder differenzieren sie daraufhin. Dadurch können Sie auch ohne viel eigene Sachkompetenz oft schon die Schwachpunkte einer Argumentation erkennen.

Unterstellungen

Die Tauglichkeit von Lösungen, die als Thesen vorgebracht werden, können Sie auch prüfen, indem Sie verschiedene Situationen unterstellen. Deckt die These tatsächlich alle diese Situationen ab, oder erweist sie sich als unzureichend?

> Die Forderung nach Neueinstellungen im Verwaltungsbereich sind zurzeit vielleicht vertretbar, wenn Sie aber eine weitere Rezession unterstellen, erweisen sie sich als unverantwortbares zusätzliches Kostenrisiko. Neben sachlichen Unterstellungen können Sie aber auch persönliche Motive und Absichten unterstellen: Warum legt der Kollege so großen Wert darauf, der neuen Mitarbeiterin das Archiv zu zeigen? Um sie in die Arbeit einzuweisen oder um mit ihr allein zu sein?

So können Sie untersuchen, was von den Aussagen Ihrer Gesprächspartnern zu halten ist, wenn Sie verschiedene mögliche Absichten unterstellen und die Aussagen als daraus motiviert deuten. Der Eindruck kann sich erheblich verändern und alles kann in einem anderen Licht erscheinen.

Anträge zur Geschäftsordnung

Oft versuchen Geschäftspartner, von unliebsamen Aussagen oder auch von Täuschungsmanövern abzulenken, indem sie dem Gespräch eine ganz andere Richtung geben. Häufig wird dazu die Tagesordnung, der Zeitablauf oder die Geschäftsordnung als Vorwand genommen und daraus eine Angelegenheit von hoher Priorität gemacht. Während alle sich damit aufhalten, gerät der vorangegangene Aspekt leicht in Vergessenheit oder verliert zumindest seine Brisanz. Lassen Sie sich also von eigenen Zielen nicht abdrängen und von Schwachpunkten Ihrer Gegner nicht ablenken.

Zusammenfassung

Die Sachpositionsebene bezieht sich auf den inhaltlichen Informations- und Wahrheitsaspekt von Aussagen. Argumentationstechniken helfen, Aussagen logisch und psychologisch zu stützen beziehungsweise zu überprüfen und gegebenenfalls ihre Schwachstekllen aufzudecken.

Viele Menschen versuchen mit diesen Argumentationsmethoden zu beweisen, dass sie recht und andere unrecht haben. Dabei laufen sie Gefahr, sich in Positionskämpfe zu manövrieren. Je mehr Argumente Sie für eine These bringen, desto größer wird Ihr Gesichtsverlust, wenn Sie später davon abrücken müssen. Viele Gespräche, die nur auf dieser Ebene ablaufen, werden schließlich zu Machtkämpfen, die auf gegenseitige Erniedrigung hinauslaufen. Oft zwingt erst die beidseitige Ermüdung und Resignation zu einem Einlenken und dann meist faulen Kompromissen. Solche „Einigungen" belasten die künftige Beziehung unnötigerweise und machen allen Beteiligten das Leben schwer.

Das kommunikative Ziel auf der Vernunft- und Sachpositionsebene ist es, zu prüfen, was wahr und was falsch ist, was als Grundlage gemeinsamen Handelns taugt und was nicht, was Wahrscheinlichkeiten für sich und gegen sich hat. Es geht um Einsichten, Erkenntnisse und um deren gegenseitige Vermittlung zwischen Menschen. Dabei ist zu berücksichtigen, dass es Wahrheiten auf verschiedenen Ebenen gibt und dass in jede Aussage alle anderen Ebenen zum Teil symbolisch mit einfließen. Der

Wahrheit auf der Sachebene stehen immer die Wahrheiten anderer Ebenen gegenüber. Eine absichtliche Lüge auf der Sachebene bedeutet zugleich eine Störung auf der Beziehungsebene. Insofern lohnt kein Streit auf der Sachebene, der Schlüssel zum anderen liegt auf den tieferen Ebenen.

Geist und Reflexion

Die Ebene des Geistes unterscheidet sich von den anderen Ebenen dadurch, dass auf ihr die Reflexion des Ganzen (d. h. auch aller anderen Ebenen) stattfinden muss. Diese Ebene ist also nicht nur eine Ebene für sich, sondern eine Ebene, von der die Koordination aller anderen ausgeht und geleistet werden muss. Auf die eigene Person bezogen geht es dabei um Selbsterkenntnis, Selbstdefinition und bewusste Selbstführung.[6] Hinsichtlich anderer geht es um Menschenkenntnis und Menschenführung.[7] Darüber hinaus kann die Begegnung von Menschen als WIR nur auf dieser Ebene vollständig gelingen. All diese Aspekte sollen hier beleuchtet werden.

Erkenntnis des eigenen Ist-Zustandes

Was nützt einem Menschen seine ganze Lebens- und die Antriebsenergie, wenn sie steuerungslos oder blockiert ist? Was nützt die ganze eingebaute automatische Steuerung auf der Charakterebene, wenn sie von Ängsten beherrscht, lebensfeindlich, du-feindlich, unbewusst, normgesteuert und situationsblind geprägt ist? Die Grundeinstellungen des Charakters mögen in der Realität zwar für bestimmte wiederkehrende Situationen und Lebensnischen tauglich sein, sie fördern aber nicht ein selbstgesteuertes und selbstbewusstes lebendiges Leben in einer offenen und freien Welt, die unendlich viele Möglichkeiten und Alternativen bietet.

---

6 Mehr dazu in meinem Buch „Führe dich selbst!".

7 Mehr dazu in meinem Buch „Führen mit Autorität und Charisma".

Das in den verschiedenen Persönlichkeitsebenen enthaltene Potential kommt erst zum vollen Nutzen, wenn diese sinnvoll koordiniert werden. Das ist Ziel und Aufgabe bei der eigenen Selbststeuerung. Ein Mensch sollte im Laufe der Zeit mit wachsender Mündigkeit die reflexhaft-unbewussten Automatismen seiner Charakterebene zunehmend durch bewusstes Verhalten, das sich an selbst gesetzten Maßstäben orientiert, ersetzen.

Man sagt: „Selbsterkenntnis ist der erste Schritt zur Besserung". Nur wenn Sie erkannt haben, was in Ihnen abläuft, können Sie daran etwas ändern. So ist es auf der Ebene des Geistes die erste Aufgabe: Selbstreflexion. Dazu gehört

- die eigenen inneren Konflikte aufzudecken und an deren Lösung zu arbeiten. Diese Konflikte können zwischen Inhalten einzelner Ebenen stattfinden, aber auch zwischen den Ebenen,
- Blockierungen auf einzelnen Persönlichkeitsebenen zu erkennen und Maßnahmen zu ergreifen, um die Lebensenergie wieder fließen zu lassen,
- sich mit den in der eigenen Person ablaufenden Erziehungsprogrammen kritisch auseinanderzusetzen. Lebensfeindliche müssen durch lebensfreundliche Programme ersetzt werden,
- die Fähigkeit, sich gegenüber anderen abgrenzen zu können.

Nur wenn Ihnen Ihre Einstellungen auf der Charakterebene bewusst geworden sind, können Sie sich kritisch damit auseinandersetzen. Manches mag die Prüfung überstehen und dann seinen Platz in einem selbstgesetzten Katalog von Maßstäben für das eigene Leben finden. Vieles aber werden Sie auch durch neue Einstellungen ersetzen müssen.

Diese geistige Arbeit bedeutet für die eigene Person ganzheitliche persönliche Entwicklung und Reifung. Auf andere bezogen geht es dabei um die Hilfe zur Entwicklung von mündiger Selbständigkeit. Das ist die große Aufgabe von Erziehung, von Menschenführung, aber auch in jeder Partnerschaft. In solchen Beziehungen trägt mindestens einer Verantwortung für die Integrität und Freiheit der anderen mit.

Maßstäbe für den Ziel-Zustand

Es reicht nicht, sich über den Ist-Zustand bewusst zu werden und ihn willkürlich zu verändern. Für eine sinnvolle Entwicklung ist eine Perspektive notwendig. Wohin soll die eigene Persönlichkeit entwickelt werden? Nach welchen Kriterien können Sie Entscheidungen darüber treffen? Als Ziel der eigenen Entwicklung könnte man formulieren: die Verwirklichung des eigenen Lebenssinns. Nur – worin liegt er?

Unser konkretes reales Leben ereignet sich im Spannungsfeld verschiedener Polaritäten. Dazwischen müssen wir leben, unter ihnen leiden wir, von ihnen fühlen wir uns zerrissen, aber sie geben uns auch Kraft und beglücken uns, wenn für Momente ein Ausgleich oder eine Synthese zwischen ihnen gelungen ist. Da wir diesen Polaritäten nicht wirklich (nur vermeintlich) ausweichen können, können sie als objektiv vorgegebene Grundmaßstäbe und Rahmenbedingungen des menschlichen Seins gelten. An ihnen können Sie sich deshalb beim Versuch einer persönlichen Sinngebung orientieren. Wenn Sie sie berücksichtigen und in Ihre Sinndefinition einbeziehen, leben Sie nicht an den Dimensionen des menschlichen Lebens vorbei.

Diese Polaritäten lassen sich auf jeder der sieben Ebenen finden. Jede Ebene hat ihr eigenes Spannungsfeld (wieder von unten nach oben zu lesen):

Ebene	Spannungsfeld
Ebene des Geistes	Sein und Sinn
Vernunftebene	Subjekt und Objekt
Intentionsebene	Herkunft und Zukunft
Emotionsebene	Fühlen und Denken
Grundeinstellungsebene	Freiheit und Verantwortung
Antriebsebene	Lust und Frust
Lebensenergieebene	Leben und Tod

Abbildung 14: *Spannungsfelder der jeweiligen Ebene*

Leben und Tod (Ebene der Lebensenergie)

Zu den Grundmaßstäben menschlichen Seins gehört als erstes die Tatsache, dass wir *lebendige* Wesen sind. Und selbst dieses Leben ist zeitlich begrenzt, wir wissen, dass wir sterben müssen. Außer uns lebenden Wesen gibt es noch die toten Dinge. Besonders zu ihnen stehen wir im Gegensatz, sie sind die Objekte unseres Handelns. Lebendigsein ist tiefste Beschaffenheit des Menschen und damit zugleich höchster Maßstab für die eigene Selbstdefinition. Wie müssen wir leben, um diesem Lebendigsein Rechnung zu tragen?

Alles, was verhärtet und starr ist oder macht, gehört nicht dazu. Leben bedeutet Wandlung. Wandlungen zuzulassen, sich für den Prozess des Wachsens, des Fließens, des Reifens zu öffnen, wird damit zu einem primären Anspruch und Maßstab. Ängste, Blockaden stehen dem im Wege. Ängste müssen also abgebaut werden, Vertrauen zum Leben und zu sich selbst muss aufgebaut werden.

Der Tod droht aber nicht nur im Alter, am Ende eines erfüllten langen Lebens, sondern auch täglich und mittendrin. Letztlich sind unsere täglichen Ängste Todesängste. Wenn man versucht, ihnen auszuweichen und vor dem Tod wegzulaufen, kann man nicht die Ruhe und Gelassenheit finden, die es erst ermöglicht, wirklich zu leben.

Leben und Tod sind als Pole nur miteinander zu versöhnen, wenn man akzeptiert, dass man eines Tages nicht mehr auf der Erde sein wird und dass alles vergänglich ist. Unter der Hinsicht der Ewigkeit, lohnt es bei den meisten Zielen nicht, ihnen stressgeplagt hinterzujagen. Wenn Sie das begreifen, können Sie in Ruhe leben.

Lust und Frust (Antriebsebene)

Wir wollen Lust gewinnen und Frust vermeiden. Wir streben nach Befriedigung von Bedürfnissen und fühlen uns von unseren Trieben getrieben. Was wir haben und genießen können, bringt Lust, was uns mangelt, schafft Unlust. Da naturgemäß jedem mehr mangelt als er haben kann, ist jeder von Unlust bedroht. Hinzu kommt, dass jede Sättigung wieder in

Hunger umschlägt, also selbst erreichte Befriedigung kein dauerhaft befriedigender Zustand ist. Wie kann man damit umgehen? Manche versuchen, aus Angst, zu wenig zu haben, immer mehr zu bekommen und legen sich unter großem Arbeitsaufwand und mit viel Frustration Vorratsspeicher gegen Not an. Je größer die Vorräte aber werden, desto größer wird aber auch die Angst, beraubt zu werden und dann wieder zuwenig zu haben.

Erst wenn Sie erkennen, dass es einen Wechsel zwischen den Polen Hunger und Sättigung geben muss, wenn Sie in diesem Wechsel das Gesetz des Rhythmus erkennen, wird die Spannung zwischen beiden Polen aushaltbar und das Vertrauen zum Leben wächst. Die Erde trägt jedes Jahr neue Frucht und sättigt uns wieder. Wenn Sie erkennen, dass Sie keine Vorräte für zwanzig Winter anzulegen brauchen, haben Sie plötzlich wieder in der Gegenwart Zeit für das Leben, für die Sonne, für die Liebe, für die Lust, für Ihre Partner und Kinder.

Freiheit und Verantwortung (Grundeinstellungsebene)

Kein neugeborener Mensch kann überleben, ohne dass sich andere um ihn kümmern. Jeder Mensch lernt seine Sprache von anderen Menschen. Wir verdanken der Gemeinschaft, in der wir leben, einen großen Teil unserer sprachlichen und kulturellen Identität. Der Mensch ist also von seiner Natur her ein soziales Wesen. Aus dieser wesenhaften Verbindung mit der Gemeinschaft leitet sich die Verantwortung des einzelnen für sie ab.

Auf der anderen Seite haben wir aber auch den Wunsch, uns von dieser Gemeinschaft, sei es Familie, Bekanntenkreis, Kollegen zu unterscheiden und unsere eigene individuelle Identität aufzubauen. Wir wollen uns abgrenzen und profilieren. Wir wollen frei sein von Pflichten und Verantwortung und nur unseren eigenen Weg gehen. Wir fühlen uns in unserer Entfaltung und Kreativität durch andere behindert und verlangen Freiräume. Wir versuchen und beanspruchen, selbst als Gruppenmitglied innerhalb von Gruppen, unverwechselbare, freie Individuen zu sein.

Da es oft schwer ist, die Balance zwischen der eigenen Verantwortung anderen gegenüber und der eigenen individuellen Freiheit herzustellen, kommt es zu inneren und äußeren Konflikten. Man fühlt sich verpflichtet, wünscht Rücksicht von anderen, aber möchte auch seine eigenen unkonventionellen Wege gehen. Trotzdem müssen wir aber eine Balance herstellen. Wir sind beide Seiten.

Fühlen und Denken (Beziehungsebene)

Dem Leben gehört die Gegenwart. Hier und jetzt findet es statt, weder in der Vergangenheit noch in der Zukunft. Zwar ist es aus der Vergangenheit immer schon vorgeprägt, zwar entwerfen wir uns mit unseren Zielen und Perspektiven in die Zukunft hinein, dennoch heißt leben immer hier und jetzt spüren und fühlen: den Atem, den Herzschlag, den Kreislauf, den Körper, die Liebe, das Leben. Seine Gefühle eben. Wie fühlen Sie sich jetzt gerade in diesem Moment? Halten Sie inne, schließen Sie die Augen für zehn Sekunden und fühlen sie einmal. Sie wissen nicht so genau, wie Sie sich fühlen? Dann sollten Sie es üben.

Statt zu fühlen denken wir. Denken als solches ist nicht schlecht. Während wir mit dem Fühlen die Welt in uns aufnehmen und uns zu ihr verhalten, können wir sie mit dem Denken durchdringen. Aber das Denken richtet sich oft von uns weg: in die Zukunft, in die Vergangenheit oder in die Außenwelt. Ohne erst zu fühlen, kann man aber kaum sinnvoll über sich und die Welt nachdenken. Wenn das Denken zur einzigen Begegnungsform mit der Welt wird, verpasst man seine eigene Gegenwart und die Welt verliert ihre Wärme und das Leben seine Freude. Es gehört zu den am meisten und schlimmsten Krankheiten unserer Zivilisation, dass sich das versachlichende, gefühllose Denken bei vielen Menschen wie ein Krebsgeschwür ausbreitet.

Denken ist nur die eine Hälfte, Fühlen ist die andere. Gefühlvolles Denken könnte die Synthese sein. Wenn Sie das Fühlen wieder in Ihr Leben hineinholen wollen, prüfen Sie sich selbst und fangen Sie wieder an zu singen, zu tanzen, sich hinzugeben, sich einzulassen, sich zu freuen, zu weinen, zu sein. Fühlen Sie die Begegnungen zwischen sich und Ihren

Mitmenschen, zwischen Liebenden, zwischen Kindern und Eltern, zwischen Führenden und Geführten, oder auch zwischen Lehrer und Schüler. Wenn diese Beziehungen gefühlsmäßig gelingen, ist das Leben schön und erfüllt.

Herkunft und Zukunft (Intentionsebene)

Durch unsere Geburt sind wir in eine Familie, in eine Zeit und in eine Umgebung hineingeboren worden, die unsere gegenwärtige Identität prägt. Ohne darauf Einfluss nehmen zu können, sind wir von Menschen und Umständen geformt worden. Manchmal sind wir geneigt, uns damit vor uns selbst und vor unserer Mitwelt insbesondere für unser Fehlverhalten und unsere problematischen Seiten zu entschuldigen. Unsere Herkunft, die in der Vergangenheit liegt, hat uns geprägt. Man könnte annehmen: vollständig und unentrinnbar.

Dem steht jedoch entgegen, dass wir träumen und uns in eine Zukunft hin entwerfen können. Zukunft ist eben nicht nur das, was auf uns „zukommt", ein blindes Schicksal, sondern auch immer von uns selbstgestaltetes Leben. So wie wir uns an Wegkreuzungen für einen Weg entscheiden können und müssen, so können wir auch Weichen in die Zukunft stellen. Wir können nicht nur das, wir können auch aus uns selbst heraus Ideen wie „Freiheit", „Selbstständigkeit" oder „Gerechtigkeit" produzieren und, ohne jemals Freiheit erlebt zu haben, anfangen, dafür zu kämpfen.

Wir sind also nicht nur durch unsere Herkunft geprägt und stehen unter ihrem Fluch, wir können uns auch visionär in eine Zukunft hinein entwerfen. Wir können gewissermaßen ein Seil zu einem anderen Ufer werfen und uns dann daran hinüberziehen. Nicht nur die real vorhandenen Möglichkeiten machen uns aus, sondern vor allem die, die wir uns schaffen wollen.

Subjekt und Objekt (Vernunftebene)

Auf der Vernunft- und Sachebene geht es um die Begegnung mit der Sachwelt. Ein Mensch begegnet dieser Umwelt zunächst subjektiv, indem es sie fühlt, dann aber auch objektivierend, indem es sie denkend und analysierend als ein fremdes Gegenüber wahrnimmt und durchdringen. Wie ist die Welt? Gut oder böse, angenehm oder unangenehm, freundlich oder feindlich, neutral oder tot, Material oder entgegenstehender Widerstand? Als Widerstand fordert sie zu einer Stellungnahme heraus, zur Unterwerfung oder zur Eroberung. Man kann sich entweder als Gestalter oder als Opfer der Umstände fühlen. Beides sind wir. Wer nur in der Subjektivität bleibt, wird seine Traumwelt kaum verlassen. Wer sich dagegen nur den Sachzwängen unterwirft, kann sich zwar als Realist ausgeben, gelangt aber nicht dazu, sich an der gelungenen Umsetzung einer eigenen Idee zu freuen. Um beide Pole miteinander zu verbinden, müssen wir lernen, unsere subjektiven Ziele zu erreichen, indem wir objektbezogen handeln.

Sein und Sinn (Geistebene)

Ich bin, aber wozu? Wir sind aus der Fraglosigkeit der Tiere herausgewachsen und werden uns selbst zum Problem. Das Gefühl von Sinnlosigkeit kann das äußerlich glücklichste Sein zur Qual machen und zur Aufhebung des Seins im Selbstmord drängen. Umgekehrt kann ein scheinbar elendes Dasein doch so durch Sinn erfüllt sein, dass ein Mensch darin glücklich ist. Das Sein bestimmt also nicht notwendig das Bewusstsein. Ein sinnerfülltes Bewusstsein kann das Sein verklären und heben.

Über diese Polaritäten hinaus besteht eine weitere zwischen Körper und Geist, also gewissermaßen zwischen einem materiellen und einem geistigen Pol der Lebensenergie. Diese Polarität zieht sich durch alle Ebenen hindurch. Auf den unteren Ebenen überwiegt noch der materielle Anteil, auf den oberen der geistige. Man könnte die Verteilung der Anteile durch eine diagonale Unterteilung der Ebenen darstellen.

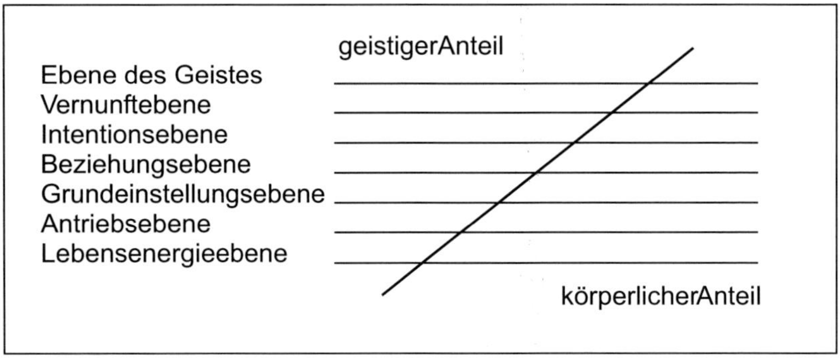

Abbildung 15: *Körperlicher und geistiger Anteil der Person*

Körper und Geist

Diese Polarität besteht zwischen unserem körperlichen Sein mit seinen Gebrechen und Schmerzen, mit seiner zeitlichen und räumlichen Begrenztheit einerseits und andererseits unserem Raum und Zeit transzendierenden Geist, der das Weltall zu durchdringen und zu erfassen sucht. Wir sind nach alter Auffassung halb Engel, halb Tier, also Wesen, die zwischen Himmel und Erde stehen und beiden Bereichen angehören, ohne doch ganz zu einem zu gehören. Wir stehen gewissermaßen mit den Füßen auf der Erde und erreichen mit unseren Kopf (Geist) den Himmel.

Manche Menschen leben fast nur den körperlichen Anteil: Bodybuilding, Wellness, Schönheitswahn, pure Triebbefriedigung – und verlieren dabei den Zugang zu ihrer geistigen Dimension. Andere leben fast nur den geistigen Aspekt – oder schlimmer noch: nur einen Teil davon, die Vernunft: Büchernarren, Computerfreaks, Bürokraten – und verkommen dabei körperlich: Sie vertrocknen, werden computerblind, bucklig und krank.

Es gibt kein Entweder-Oder, wir sind beides, und beides muss ins Leben integriert werden. In alter mystischer Terminologie heißt das: Unsere Aufgabe besteht darin, Himmel und Erde in uns zu vereinen.

All die gezeigten Aspekte und deren Polaritäten machen das Spannungsfeld unseres Lebens aus. Um zu begreifen, wer wir in Wirklichkeit sind, und um wirklich Mensch zu werden und zu sein, müssen wir versuchen, sie alle zu einer Einheit zu integrieren und uns in ihrer Mitte zu platzieren. Es handelt sich um Maßstäbe, die dem Willen und der Freiheit des Menschen als Rahmenbedingungen seiner Existenz vorgegeben sind. Sie können sie berücksichtigen und dürfen sich daran orientieren. Indem Sie sich innerhalb des Feldes, das sie aufspannen, selbst definieren und platzieren, können sie Ihnen helfen, die Frage nach dem Sinn Ihres Lebens zu beantworten und Autonomie zu gewinnen.

Solange Sie aber noch für Manipulationen durch andere, und seien es Ihre liebsten Freunde oder Ihre verinnerlichten Erzieher, offen sind, nutzt Ihnen eine solche Selbstbesinnung und Selbstbestimmung wenig. Um zu echter Autonomie zu gelangen, müssen Sie zuvor gelernt haben, Ihre Grenzen zu schützen.

Die eigenen Grenzen klären

Auf dem Weg bewusster Selbstführung wird es notwendig, sich von vielen alten Vorstellungen und Verhaltensweisen zu verabschieden. Es geht darum, dass Sie sich einen eigenen geistigen, emotionalen und sozialen Lebensraum schaffen und für sich abstecken. Diese Klärung Ihrer Grenzen muss auf allen Persönlichkeitsebenen bewusstseinsmäßig und real vollzogen werden. Erst dann können Sie sich innerhalb dieses Rahmens selbstbestimmen und autonome Entscheidungen treffen. Auf den einzelnen Ebenen kann die persönliche Grenzziehung so aussehen:

Auf der Ebene der *Lebensenergie* geschieht das zum ersten Mal mit der Durchtrennung der Nabelschnur bei der Geburt. Psychisch bleiben aber viele Menschen noch mit ihren Eltern oder Kindern mit einer psychischen Nabelschnur verbunden, beziehungsweise alte partnerschaftliche Bindungen bleiben trotz äußerer Trennung innerlich bestehen.

> Ein 71-jähriger Mann starb beispielsweise sechs Stunden nach seiner Mutter im selben Raum und wurde dann mit ihr zusammen begraben. Er hatte, obwohl selbst auch verheiratet, zeitlebens mit seiner Mutter zusammengelebt und sich nie von ihr getrennt.

> Als eine Frau mit einem neuen Freund erstmals zusammen in Urlaub fuhr, meldete sich am Tag zuvor seine Exfreundin, mit der er seit mehreren Jahren keine Verbindung hatte, und in den Tagen nach der Reise meldeten sich zwei Exfreunde von ihr, mit denen sie ebenfalls seit Jahren keinen Kontakt mehr gehabt hatte.

Es gibt also psychologisch-telepathische Verbindungen. Um durch solche Bindungen nicht subtil gebunden zu bleiben, ist es notwendig, sie sauber zu lösen. Das ist nicht immer einfach und bedarf klarer, manchmal schmerzhafter Entscheidungen und Schnitte. Hermann Hesse schreibt in seinem Gedicht „Stufen“: „Nimm Abschied und gesunde“. Kleben Sie also nicht am Alten.

- Grenzziehung auf der *Antriebsebene* kommt einem Selbstbehauptungstraining gleich. Sie müssten ohne Schuldgefühle in der Lage sein, Lust und Freude am Leben genießen zu können. Sie müssten zugleich in der Lage sein, eigene Ansprüche und Bedürfnisse anmelden und für ihre Erfüllung sorgen zu können, selbst wenn sich andere in den Weg stellen. Sie müssten endlich lernen, nicht nur: „Ich möchte bitte gern ...“ zu sagen, sondern: „Ich will ...“
- Abgrenzung auf der *Grundeinstellungsebene* ist vor allem die Verabschiedung von alten „Tugenden“ und „Untugenden“ samt den Schuldgefühlen, die über deren Einhaltung wachen. Vieles, was uns als Kindern eingetrichtert wurde, muss bei genauer Prüfung über Bord geworfen werden:

  – *Hilfsbereitschaft* kann, wenn sie unbegrenzt ist, Ihnen selbst schaden: Sie kommen nicht mehr zu Ihren eigenen Angelegenheiten.
  – *Pünktlichkeit* kann Sie, wenn Sie zu spät dran sind, zu tödlicher Raserei verführen.
  – *Selbstdisziplin* kann Ihnen, wenn sie nicht begrenzt ist, alle Freude am Leben verderben.
  – *Bescheidenheit* kann, wenn sie unbegrenzt ist, verhindern, dass Sie jemals eigene Ansprüche anmelden und realisieren können. Wenn Sie als der Klügere immer *nachgeben*, setzen Sie sich nie durch.

Viele vermeintliche Tugenden können zu persönlichen Katastrophen führen. Insofern müssen Sie sich vor manchen vermeintlichen Tugenden oder ihrem Übermaß schützen. Dafür ist es notwendig, etwas Eigenes dagegensetzen zu können. Das können selbstgesetzte Maßstäbe und Werte sein.

- Grenzziehung auf der *Beziehungsebene* heißt, sich nicht vollständig mit anderen Menschen zu vermengen: Ich lebe mein Leben und du lebst dein Leben. Ich bin nicht nur dafür da, um dich glücklich zu machen, und du bist nicht nur dazu da, um mich glücklich zu machen.
  In diesem Sinne sollten Sie lernen, „nein" sagen zu können, ohne sich dabei schlecht zu fühlen oder ein schlechtes Gewissen zu bekommen.
- Auf der *Intentionsebene* geht es noch einmal um Selbstbehauptung, nämlich um die Durchsetzung der eigenen Interessen. Beharren Sie auf Ihren eigenen Interessen und akzeptieren Sie die Interessen anderer. Verlangen Sie sachliche Lösungsalternativen und lassen Sie sich durch Argumente für oder gegen eine bestimmte Lösung nicht verwirren. Halten Sie dabei Ihre eigenen Angelegenheiten ruhig für wichtiger als die von anderen Leuten und geben Sie nicht „um des lieben Friedens willen" einfach nach.
- Auf der *Sachpositionsebene* ziehen Sie Ihre Grenzen, indem Sie die von anderen vorgegebenen Realitäten und Sachzwänge nicht als letztgültig akzeptieren, sondern daran festhalten, Ihre eigene Realität zu gestalten und zu bauen. Daraus ergeben sich dann wieder neue Sachzwänge, die Sie anderen präsentieren können. Erlauben Sie sich eine eigene Meinung und Sichtweise der Dinge und halten Sie diese durch. Halten Sie sich nicht für verpflichtet, eigene Entscheidungen anderen gegenüber zu rechtfertigen. Sie gehen Ihren Weg und tragen die Konsequenzen.
- Auf der *Ebene des Geistes* bedeutet Grenzziehung, sich als einen gleichwertigen Teil des Ganzen zu betrachten und auf der Gleichwertigkeit zu bestehen. Das beinhaltet durchaus, sich einzuordnen, aber eben nicht, sich unterzuordnen. Integration ins Ganze heißt auch lebendige Mitgestaltung.
  Wer sich nicht abgrenzen kann, ist den Einflüssen und den Manipulationen seiner Umwelt ausgeliefert und wird in seinem Verhalten und

Leben davon bestimmt. Deshalb empfiehlt es sich, die oben genannten Verhaltensweisen zu üben, bis Sie sie ohne Schuldgefühle beherrschen. Rechnen Sie damit, dass Sie einige Zeit brauchen werden, bis Sie sich wirklich schützen können.

Selbstdefinition und Lebenssinn

Innerhalb dieses schützenden und abgrenzenden Rahmens ist es möglich, an der eigenen Selbstbestimmung zu arbeiten. Dabei müssen alle Programme ersetzt werden, die Ihre Identität schwächen und bedrohen. Wenn Sie Fragen nach der eigenen Identität („Was will ich?“ oder: „Wer bin ich eigentlich?“) bearbeiten, wie die Frage beginnen Sie, sich selbst zu bestimmen. Sie stellen dabei eine Verbindung zwischen Ihrer Lebensenergie und Ihrem Geist her. Die Lebensenergie hat ihr Ziel erst erreicht, wenn sie auf der geistigen Ebene zum Bewusstsein ihrer selbst gelangt. Dann kann sie erst ihre ganze Kraft entfalten. Sie können sich selbst am besten verwirklichen, wenn Sie diese frei gewordene Kraft auf Ihren Lebenszweck und Sinn hin steuern.

Ihren Lebenszweck können Sie im Rahmen der beschriebenen vorgegebenen Grundmaßstäbe menschlichen Seins definieren oder aber auch, indem Sie sich Ihre Lebensziele und Lebenssinn selbst setzen und Ihr Gesamtverhalten daran orientieren.

Schauen Sie sich einmal verschiedene Menschen an. Viele Menschen haben weder Ziele noch Sinn für ihr Leben. Sie sind entsprechend träge, müde, frustriert, werden herumgestoßen, versuchen sich irgendwo eine Nische einzurichten, in der sie relativ ungestört vor sich hin leben können, ansonsten ist „tote Hose“. Es gibt aber auch Menschen, die eine große Idee haben, eine Vision, von der sie fasziniert oder besessen sind und für die sie sich engagieren. Für die sie „Feuer und Flamme“ sind, für die sie kämpfen. Sie treten kraftvoll und mit leuchtenden Augen auf.

Aber es geht hier nicht um andere Leute, es geht um Sie. Wenn Sie sich vorstellen, Sie hätten eine solche Idee, für die Sie Feuer und Flamme sein könnten, dann würde sich in Ihrem Leben einiges ändern. Und wenn diese Idee noch im Einklang mit den oben ausgeführten Grundmaßstäben menschlicher Existenz wäre, Sie damit also in eine wirkliche Mitte des Lebens kämen, dann wäre Ihre Idee ideal. Diese Idee wäre Ihre Kraftquelle für eine charismatische Ausstrahlung.

Wie lautet also die für Ihr Leben zentrale Idee, was ist die Vision, die Ihr Leben leitet? Was ist Ihr Lebenssinn?

Hier sind wir an der Grenze dessen, was Ihnen ein Buch bieten kann. Die Antwort können Sie hier nicht lesen, Sie müssen Sie sich selber geben. Vielleicht können Ihnen die folgenden Fragen dabei noch zur Anregung dienen. Empfehlenswert ist es, sich die Antworten darauf mit geschlossenen Augen aus Ihrem Inneren zu holen und sie dann aufzuschreiben.

- Was wollen Sie in Ihrem Leben erreichen?
- Ist das, was Sie erreichen wollen, wirklich sinnvoll?
- Was heißt „leben" für Sie?
- Was wollen Sie mit Ihrem Leben anfangen?
- Was wollen Sie daraus machen?
- Wofür lohnt es sich für Sie zu leben?
- Wofür wollen Sie sich in Ihrem Leben engagieren?
- Wie müssen Sie Ihr Leben leben, damit es zum Schluss sinnvoll gewesen ist?
- Was könnte für ihr Leben eine leitende Idee sein?
- Was könnte Ihnen Erfüllung in Ihrem Leben bringen?

Selbstführung

Wenn Sie all diese Schritte der Selbstreflexion mitgegangen sind und für sich verwirklicht haben, können Sie Ihr Leben auf einem neuen Bewusstseinsniveau führen. Der Prozess dieser Reifung findet aber nicht so statt, dass erst die Reflexion und dann das Handeln kommt. Als ständig schon Handelnde befinden wir uns im Wechsel zwischen Handeln und Reflexion und können uns nur in diesem Wechsel weiterentwickeln. Was heute falsch scheint, kann sich morgen als richtig erweisen. Vorsicht deshalb vor endgültigen Urteilen. Bewahren Sie sich Offenheit für neue Erkenntnisse. Reflexion und Weiterentwicklung sind unendlich und wir müssen sie tagtäglich unterbrechen, um zu handeln. Umgekehrt sind auch die Sachzwänge unendlich, und wir müssten auch sie immer wieder unterbrechen, um zu reflektieren.

Menschenkenntnis

Mit Menschenkenntnis ist hier die vollständige Wahrnehmung einer anderen Person mit ihren sieben Ebenen und deren Aspekten gemeint. Nur wenn sie in einem reflektierten Gesamtbild enthalten sind, können sie hoffen, einen anderen Menschen umfassend zu erkennen und zu verstehen. Zu berücksichtigen sind:

Geistebene	sein Selbstbewusstsein und seine Sinngebung
Sachebene	sein Wissen und Know-how, seine Intelligenz
Interessenebene	seine Interessen und Ziele
Beziehungsebene	seine Beziehungswünsche und seine emotionalen Bindungen
Charakterebene	die Gesamtheit seiner Prägungen und Grundeinstellungen
Antriebsebene	seine psychischen und physischen Antriebe und Bedürfnisse
Lebensenergieebene	die Würde des Menschen, seine Seele

Abbildung 16: *Sieben Ebenen der Person*

Kommunikation im Feld von Ich, Du, Wir und Sache

Im Zentrum der Reflexion stehen die Fragen: Wie stehe ich subjektiv zu dieser Person und wie stehen wir zueinander? Probieren Sie die folgenden Fragen, die sich aus den sieben Ebenen ableiten, einmal am Beispiel der Partnerwahl aus. Stellen Sie sich eine bestimmte, Ihnen nahestehende Person vor und gehen Sie die Fragen durch. Erst wenn Sie alle einigermaßen klar beantwortet haben, können Sie einen Überblick darüber gewinnen, wie gut Sie zueinander passen oder welche Probleme in der Kommunikation miteinander zu erwarten sind.

- Wer bin ich und wer bist du? Was macht unsere jeweilige Identität aus?
- Welche Antriebe und Bedürfnisse verbinden oder trennen uns?
- Welche Charakterzüge oder Grundeinstellungen trennen oder verbinden uns? In welcher Rolle stehe ich zu dieser Person? In welcher Rolle würde sich die andere Person gerne sehen?
- Was empfinde ich für diese Person? Welche Gefühle haben wir füreinander? Welche innere Beziehung haben wir zueinander?
- Welche intuitiven und symbolischen Wahrnehmungen oder Assoziationen haben wir voneinander? Welche Bilder sehen wir vom anderen?
- Was denke ich über diese Person? Was erkennt sie umgekehrt?
- Wie verbinden sich die Wahrnehmungen aus all diesen Ebenen zu einem Gesamtbild? Wer bin ich und wer bist du also wirklich?

Jetzt kann eine die ganzheitliche Kommunikation beginnen. Sie unterscheidet sich dadurch von all dem, was bisher auf den einzelnen Kommunikationsebenen dargestellt wurde, dass sie über die Aspekte der jeweiligen Ebenen hinausgeht und sie zu einer Gesamtheit integriert. Da ging es beispielsweise um die Moderation eines Gesprächs oder um das Abbauen von Widerständen eines Gesprächspartners. Hier geht es um alles: um mich und dich.

Wenn diese Kommunikation gelingt, man einander versteht und zueinander findet, kann man sich als *Wir* begegnen. Doch Vorsicht! Verschmelzung ist ein schöner Traum. Wir alle kommen aus der Verschmelzung mit der Mutter im Mutterleib träumen davon noch ein Leben lang. Realität und Wahrheit ist aber, dass die Verschmelzung zum *Wir* weder total noch von Dauer sein kann. Wir-Gefühle sind immer nur kurzfristig erreichbar, aber immer wieder. Aus dem *Wir* kehren wir immer wieder in unser Ich zurück.

Für die Menschenführung bedeutet das: Mit „Wir"-Ansprache ist kein „Wir"-Gefühl zu erzeugen. Wenn Sie andere führen wollen oder müssen, sollten Sie darauf achten, die Geführten als Individuen zu betrachten, die hinsichtlich ihrer Einstellungen auf den sieben Ebenen mehr Unterschiede als Gemeinsamkeiten haben. Wenn sich allerdings eine Gruppe auf ein gemeinsames Ziel hin einigen kann und jedes einzelne Mitglied der

Gruppe sich innerlich mit seiner Lebensenergie und seinen Antrieben damit identifiziert, also Feuer und Flamme dafür ist, kann diese Gruppe auch einem Leiter die Vollmacht geben, sie auf dieses Ziel hin zu koordinieren und zu führen. Als Führender geben Sie dann aber der Gruppe nicht Ihren Willen vor, sondern führen den Willen der Gruppe aus. Wenn Sie dann „*wir*" sagen, sprechen Sie aus, was die Gruppe will.

Nun dürfen Sie bei der Reflexion auf sich selbst, auf andere und die Gemeinsamkeiten zwischen den Beteiligten die Sache nicht unberücksichtigt lassen. Sie ist zwar außen, aber sie ist zugleich Gegenstand des Handelns. Viele Lebensäußerungen von Menschen richten sich auf Sachen. Insofern ist eine Sachangemessenheit, das heißt technische Durchsetzbarkeit und Machbarkeit, Sachbeherrschung und Weltfähigkeit erforderlich, damit man nicht im eigenen Saft verschmort. Selbstführung kann Führung zum anderen und/oder Führung in die Welt sein. Menschenführung ist meistens Führung in die Welt hinein. Ohne Sachkenntnis kommt man da nicht weit. Das heißt, neben aller Psychologie, die sich um Innenwelten kümmert, müssen Sie sich auch um die Naturwissenschaften und technischen Disziplinen, die sich um die Außenwelt kümmern, bemühen. Es lohnt, sich das Wissen und die Werkzeuge beider Seiten anzueignen. Beide Welten zusammen sind die ganze Welt.

Um die Ganzheit zu erfassen, sollten Sie zum Abschluss eines jeden Gesprächs die Fragen stellen: „Haben wir wirklich an alles gedacht? Haben wir etwa einen äußeren Aspekt oder eine Ebene der Innenwelt der Beteiligten übersehen und vergessen? Ist eine Vereinbarung, die *wir* getroffen haben, ringsum im Wesentlichen vollständig?" Da sie erst vollständig wäre, wenn sie die ganze Welt umfasst, kann sie es real nie sein. So müssen Sie sich praktisch mit einer vorläufigen Gültigkeit zufrieden geben. Alles entwickelt sich weiter, und das ist das unendliche dialektische Spiel von These, Gegenthese und Synthese, die wieder zur These wird usw.

5. Gesprächsführung auf sieben Ebenen

Gesprächsebenen

Das Konzept der Dialektik haben wir uns bisher Ebene für Ebene angeschaut. Anhand einzelner Kommunikationsebenen und -aspekte haben wir analysiert und konstruiert. Wie fügt sich das nun alles in konkreten Gesprächen zusammen?

Wenn Sie mit Gesprächspartnern zusammentreffen und spontan Übereinstimmungen feststellen, brauchen Sie nicht viel dialektische Überzeugungspsychologie. Die ist vor allem da nötig, wo Sie mit Gesprächspartnern aufeinanderprallen und nicht voran kommen. In öffentlichen und geschäftlichen Verhandlungen begegnet man sich meistens zuerst auf der Ebene der Sachpositionen. In privaten und persönlichen Kontakten trifft man sich dagegen eher sofort auf der Beziehungsebene. Wenn Sie als Mann Ihre Frau in den Arm nehmen, begegnen Sie ihr zugleich auf der Beziehungs- und Antriebsebene. Das Thema: „Ich möchte dich in den Arm nehmen", brauchen Sie nicht eigens auf der Sachebene zu diskutieren. Vielfach ist es sogar umgekehrt: Gespräche auf der Sachebene, ob man sich nun auf Zärtlichkeiten miteinander einlassen will, können die tieferen Ebenen so stark überlagern, dass alle Lust auf Zärtlichkeiten vergeht.

Ausgehend von öffentlichen Gesprächen, die meistens auf der Sachebene beginnen, erfahren Sie im folgenden eine bewährte Strategie der Gesprächsführung, die auf den bisher gezeigten Aspekten aufbaut und sie umfasst:

Sobald Sie in einem Gespräch feststellen, dass auf der Sachpositionsebene eine Einigung oder ein Fortschritt nicht mehr möglich ist, sollten Sie diese Ebene verlassen und das Gespräch auf der nächst tieferen Ebene weiterführen. Auf der Interessensebene kann das Gespräch dann in einem breiteren Spektrum weitergeführt werden, und über andere Lösungsalternativen wieder auf der Sachpositionsebene bei konkreten Maßnahmen münden. Gelingt trotz einer sauber durchgeführten Synthesestrategie auch auf dieser Ebene kein Fortschritt, können Sie diesen Widerstand nur durch den Wechsel auf die nächst tiefere Ebene zu überwinden versuchen. Vielleicht können sie einen Beziehungskonflikt aufdecken und lösen. Sollte auch das nicht gelingen und sich zeigen, dass auf der Ebene der Grundeinstellungen Charaktertypen und Wertvorstellungen aufeinanderprallen, die nicht zueinander passen, können Sie dort die entsprechenden Maßnahmen ergreifen. Sollte auf dieser Ebene keine Lösung zu finden sein (was nicht heißt, dass es keine gibt), können Sie den Blick auf die nächst tiefere Antriebsebene richten. Welche psychologischen Grundbedürfnisse oder Grundantriebe des Gesprächspartners mögen Sie im bisherigen Gespräch oder in dessen Umfeld übersehen und nicht befriedigt haben? Ein Suchwort heißt hier: Selbstwertgefühl. Was könnte das vielleicht belastete Selbstwertgefühl Ihres Gesprächspartners heben und wie könnten Sie ihn aus seinem Widerstand oder seinen Kompensationen herausholen? Letztlich können Sie noch die Ebene der Lebensenergie und der Identifikationen zu Rate ziehen, indem Sie Ihren Gesprächspartner nach dem Sinn dieses Gesprächs fragen. Warum identifiziert er sich so sehr mit diesem Gespräch, dass er überhaupt daran teilnimmt? Wenn dieses Gespräch keinen Sinn hat, dann könnte man es schließlich unterlassen.

Die empfohlene Gesprächsstrategie besteht also nicht darin, Fortschritte auf einer Ebene erzwingen zu wollen, sondern es bei Widerstand immer auf die nächst tiefere Ebene zu erweitern und ein Gespräch somit von unten her aufzubauen. Nur sofern die unteren Ebenen intakt sind, ist auf den oberen eine konstruktive Entwicklung in Gesprächen zu erwarten. Im Laufe der Zeit werden Sie eine Art von Jägerblick dafür entwickeln, auf welcher Ebene gerade ein Konflikt entsteht oder eine alte Wunde in ein aktuelles Gespräch störend einwirkt. Durchmarschstrategien helfen in diesem Fall nicht. Sie werden besser beraten sein, Konflikten und Störungen aus tieferen Ebenen jederzeit Vorrang einzuräumen. Die schönste

Sachargumentation, so hoch ihre statistische Überzeugungswirkung auch einzuschätzen ist, kommt nicht zur Wirkung, wenn sich Ihre Gesprächspartner auf einer anderen Ebene befinden.

Da sich aber alle Ebenen auch immer gleichzeitig in einer Äußerung mitausdrücken, müssen Sie sich immer wieder fragen, was diese Äußerung auf verschiedenen Ebenen bedeutet und welche darin dominant zum Ausdruck kommt. Häufig werden Sie dann in Ihren eigenen Antwortreaktionen verbal zwar das Sachthema fortführen, durch eine körperliche Zuwendung aber die Beziehungsebene pflegen und durch die anerkennende Erwähnung von Leistungen Ihres Gesprächspartners sein Selbstwertgefühl in dieser Situation unterstützen. Sie werden also in Ihren Antworten gezielt auf mehreren Ebenen gleichzeitig senden müssen.

Angenommen, es ist Ihnen gelungen, die Basis eines Gesprächs auf der Antriebsebene wieder herzustellen, so können Sie das Gespräch sprunghaft wieder auf die Sachpositionsebene zurückführen. Sie werden dann allenfalls über das Einbeziehen der Interessensebene an einer sachgerechten Problemlösung arbeiten. Grundsätzlich muss ein öffentlich-geschäftliches Gespräch, das nicht nur der Kontaktpflege dient, auf der Sachpositionsebene mit konkreten Lösungsmaßnahmen abgeschlossen werden.

Gesprächsphasen

Im Entwurf für ein ideales problembezogenes Gespräch lassen sich mehrere Gesprächsphasen unterscheiden, die sinnvollerweise nacheinander im Gespräch zu durchlaufen sind. Die Reihenfolge dieser Phasen soll von vornherein die Wahrscheinlichkeit von Konflikten vermindern und zu einem zügigen und konstruktiven Ergebnis beitragen. Bei diesen Phasen handelt es sich mehr um eine Reihenfolge von Prioritäten, die in einem Gespräch zu setzen sind, als um ein festes Schema. Für kein Gespräch können sie alle möglichen Entwicklungen vorauszusehen. Auch die Länge der Phasen ist nicht vorab einschätzbar. Es kann sein, dass eine Phase nur kurz gestreift wird und dann schon erledigt ist, es kann aber auch sein, dass eine Serie von Gesprächen allein einer einzigen Phase dient. Beispielsweise spricht man von „vertrauensbildenden Maßnahmen“, wenn langjährige Widersacher sich endlich zusammenraufen wollen.

Trotz möglicher Abweichungen von den hier dargestellten Phasen können diese doch als Leitfaden für Gespräche gelten. Die Grundregeln dabei sind:

1. Gehen Sie erst dann zur nächsten Phase über, wenn die vorherigen Phasen erledigt sind.
2. Falls sich zeigt, dass eine frühere Phase doch noch nicht erledigt ist, hat diese frühere Phase wieder Vorrang.

Phase 1: Kontakt aufnehmen

Es ist keine gute Empfehlung, gleich „in medias res“ zu gehen. In der ersten Phase sollten Sie den persönlichen Kontakt in den Vordergrund stellen. Zunächst haben Gefühle und Bedürfnisse Vorrang. Es lohnt sich durchaus, einige Energie darauf zu verwenden, die Kontaktaufnahme zu Gesprächspartnern bewusst und freundlich zu gestalten. Das beginnt mit dem Handschlag und der Frage nach dem Befinden. Mit Sensibilität und Fingerspitzengefühl können Sie auf den Tonfall der Antwort eingehen und dadurch Wertschätzungen signalisieren und Nähe anbieten. Indem Sie jemandem die Auswahl seines Sitzplatzes überlassen oder ihn gezielt zu einem bevorzugten Platz einladen, können Sie die Stimmung günstig beeinflussen. Ihre Gesprächspartner sollen positive Gefühle gegenüber sich selbst, hinsichtlich der anderen Anwesenden, ihrem Umfeld gegenüber und auch auf ein zu erwartendes Verhandlungsergebnis entwickeln. Je entspannter und gelassener die Kontaktaufnahme stattfindet, desto leichter fällt es allen Beteiligten, sich zu öffnen, und nicht nur miteinander zu diskutieren, sondern einander dabei auch zu begegnen.

Sofern bei der Vereinbarung eines Gesprächstermins schon eine Verabredung über die voraussichtliche Länge des Gesprächs getroffen wurde, ist es kaum notwendig, selbst ein Gespräch von der Beziehungsebene auf die Sachebene zu drängen. Im vorgesehenen Zeitrahmen können sich Ihre Gesprächspartner ruhig erst so viel an Aufmerksamkeit und Zuwendung holen, wie sie brauchen. Dann wird deren eigenes Interesse sie selbst zur Sachebene hinführen. Lassen Sie Ihre Gesprächspartnern also auch dann reden, wenn sie scheinbar abschweifen. Versuchen Sie dabei, Bedürfnisse, Charakterzüge und die Art von Beziehungswünschen herauszuhören. Im Allgemeinen ist es nie verkehrt, wenn Ihre Gesprächspartner mehr sprechen als Sie selbst. Selbst wenn Sie befragt werden, sollten Sie Ihre Mitteilungen nur in kleinen Portionen anbieten und immer wieder testen, ob das Ihnen entgegengebrachte Interesse andauert.

Falls Sie in dieser ersten Phase Signale einer Beziehungsstörung bemerken, ist es wichtig, sofort darauf einzugehen und sie gegebenenfalls auch zu thematisieren und zu hinterfragen. Sie dürfen nicht das ganze weitere Gespräch belasten. Je stabiler Sie ein Vertrauens- und Sympathieverhältnis zu Beginn aufbauen, desto größere Belastungen hält es auch bei späteren Meinungsverschiedenheiten und sachlichen Divergenzen aus. Investieren Sie Ihre Zeit und Energie also großzügig in diese Phase. Falls Ihre Gesprächspartner nicht gerade auf der Grundeinstellungsebene nimmersatte Energieschlucker sind, lohnt sich diese Investition. Auch für den weiteren Verlauf eines Gesprächs gilt: Beziehungsaspekte haben grundsätzlich Vorrang vor Sachaspekten.

Phase 2: Klärung der Interessenlage

In der nächsten Phase soll die Problemstellung des Gesprächs und die Interessenlage aller Beteiligten geklärt werden. Schildern Sie Ihre Sicht des Problems und fragen Sie die anderen Beteiligten nach ihrer Sicht. Danach sollten die Interessen aller Seiten ausführlich dargelegt und besprochen werden. In der zweiten Phase hat die Interessenebene Priorität. Die Darstellung von Verhandlungspositionen und -spielräumen sollte in dieser Phase noch unterbleiben. Das Zustandekommen des Gesprächs lässt gemeinsame Interessen vermuten. Sie brauchen sich also nicht durch das Aussprechen von Positionen und Forderungen das Leben zu erschweren. In den allermeisten Fällen können Interessen offen ausgesprochen werden. Danach können sich alle Verhandlungspartner an der gemeinsamen Suche nach Lösungen, die diesen Interessen gerecht werden, aktiv beteiligen. Falls Ihre Gesprächspartner Positionen auf den Tisch bringen, können Sie diese zum Beispiel mit: „Aha, das wäre vielleicht auch eine Möglichkeit“, ins Nebensächliche verweisen. Lassen Sie sich auch nicht davon beeindrucken, wenn ein Verkäufer zu Ihnen sagt: „Wir liefern nie aus.“ Stellen Sie solche fixen Positionen zurück mit: „Gut, wie wir das Transportproblem lösen, können wir später sehen. In meinem Interesse liegt es, mit der Ablauforganisation sowenig wie möglich zu tun zu haben, und ich sehe, dass Sie ein ähnliches Interesse haben. Wie können wir also den Transport mit möglichst geringem Aufwand für uns beide organisieren?“

Phase 3: Sammeln von Lösungsalternativen

Die dritte Phase dient der Suche nach Möglichkeiten, wie die Interessen befriedigt werden können. Da werden möglichst viele Lösungsalternativen und -aspekte als Wahlmöglichkeiten gesammelt und ohne argumentative Begründung nebeneinander gestellt. Ihre Gesprächspartner sollten nie in die Verlegenheit kommen, sich gegen Argumente und Positionen verteidigen zu müssen. Interessen sollten Sie grundsätzlich als nicht in Frage zu stellende Vorgaben eines Gesprächs ansehen, dagegen können Sie hinsichtlich der Positionen sehr flexibel sein, wenn sie die Interessen befriedigen. Eine Verhandlung, in der Sachpositionen kreativ und flexibel erarbeitet werden, kann sich kaum festfahren. In dieser Phase wird die Grundlage zu einer problembezogenen Sachlösung gelegt. Zu den nützlichsten Attributen eines erfolgreichen Unterhändlers gehört es, wirklich kreative Wahlmöglichkeiten zu entwickeln. Die Hauptschwierigkeit dieser Phase kann in der geistigen Befangenheit der Gesprächspartner liegen, dass es nur eine richtige Lösung gäbe und dass die anderen sich damit abfinden müssen. In Wirklichkeit gibt es immer noch eine bessere Lösung. Sie müssen sie nur finden.

Phase 4: Objektive Entscheidungskriterien

Der Gedankenansatz dieser Phase besteht darin, dass sich Entscheidungen auf objektive, rationale Prinzipien gründen sollten und nicht durch Machtkampf und gegenseitige Erpressung zustande kommen. Im Idealfall sollten diese objektiven Kriterien vom Willen der unmittelbar Beteiligten unabhängig und allgemein anerkannt sein. Meistens können Sie für eine Entscheidung mehrere Kriterien finden. Das können beispielsweise sein: ein Preisindex, eine öffentliche Statistik, die Stellungnahme eines neutralen Gutachters oder die Einsetzung eines Schiedsrichters. Außerdem können Vergleichsfälle moralische Maßstäbe oder Kriterien für solche Entscheidungen bieten.

Objektive Kriterien können Sie in eine Verhandlung einbringen, indem Sie bei einem Streitpunkt innehalten und nach neutralen äußeren Kriterien fragen. Dann können Sie gemeinsam danach suchen.

Auf keinen Fall sollten Sie in Gesprächen Druck, Drohungen, Bestechungen oder irgendwelchen Appellen zu blindem Vertrauen nachgeben. Lassen Sie sich nur auf sinnvolle und nachvollziehbare Prinzipien und Kriterien ein.

Phase 5: Nachdruck

Viele Verkäufer fügen kurz vor dem Abschluss eines Verkaufsgesprächs noch eine Druck-Phase ein und versuchen dabei, das Letzte herauszuholen. Nach einer geschickt aufgebauten freundlichen Gesprächsatmosphäre und gegenseitigem Vertrauen wird der arglose Käufer noch barbiert. Gerade im Einmalverkauf, wie zum Beispiel bei manchen Versicherungsabschlüssen, wird dann schnell noch einmal die Lebensversicherungszielsumme von den besprochenen 100 000 Euro auf 120 000 Euro hoch gepusht. Dabei nimmt mancher Vertreter weder Rücksicht auf das Image der Branche noch auf eventuelle Folgegespräche, sondern lediglich auf seine Provision.

Hinsichtlich einer längeren Vertrauensbeziehung sollten Sie mit einer solchen Druck-Phase vorsichtig sein. Dennoch ist es sinnvoll, wenn Sie zum Schluss eines Gespräches noch einmal Ihre und die Konzentration des Gesprächs forcieren. Gerade bei konstruktiven Gesprächen kann die Atmosphäre so locker und freundlich geworden sein, dass man nachlässig oder unaufmerksam wird und die besten Gelegenheiten für einen Abschluss verpasst. Wenn der andere dann plötzlich Druck macht, können Sie darauf hereinfallen. Eine gute Atmosphäre darf nicht darauf hinauslaufen, die Zeit miteinander zu vertrödeln und darauf zu vertrauen, dass sich eine Einigung zum Schluss von alleine ergibt. Auch da kann es ein böses Erwachen geben. Kurz vor Schluss ist stattdessen noch einmal eine nachdrückliche Erhöhung der Konzentration wünschenswert. Gegebenenfalls sollten Sie vor dieser fünften Phase eine Pause einfügen.

Auch sollten Sie nicht hinnehmen, wenn Gesprächspartner sich zum Schluss mit unverbindlichen Auskünften davonstehlen wollen: „Das überlege ich mir noch einmal!“ Oder: „Darüber werden wir uns sicher verständigen können!“ Wenn wirklich alles zureichend erörtert und bedacht ist und alle Informationen vorliegen, muss ein Gespräch auch zu einer Lösung kommen. Zögern Sie auf der Basis aufgebauten Vertrauens nicht, einem Gesprächspartner gegebenenfalls zum Schluss einen freundschaftlichen Rippenstoß zu geben und auf Abschluss und klärende Entscheidung zu drängen. Oft können Sie damit den Karren über den Berg bringen und die Entscheidung für eine Vereinbarung herbeiführen.

Phase 6: Abschluss

Wenn also soweit klar ist, dass genügend Alternativen zur Verfügung stehen und eine Vereinbarung zustande kommen kann, gilt es abzuwägen, welche Wahlmöglichkeiten sinnvoll miteinander zu verbinden sind. Dafür ist es hilfreich, wenn Sie zuvor eine Liste der Lösungsaspekte angelegt haben. Sie brauchen sie in dieser Phase nur noch durchzugehen und zu kennzeichnen, auf welche Aspekte Sie sich einigen können. Dann haben Sie die Achse einer Problemlösung. In einem zweiten Durchgang können sie dann aushandeln: Dafür, dass ich das bekomme, erhältst du das. Beim dritten Durchgang können sie schließlich in offenen Nebenaspekten Kompromisse auf der Basis „fifty-fifty“ machen.

Um späteren Unklarheiten und daraus folgenden Unstimmigkeiten vorzubeugen, ist es empfehlenswert, Gesprächsergebnisse und Abschlüsse schriftlich zu fixieren.

Falls Ihre Gesprächspartner zum Schluss doch noch kneifen sollten, verfassen Sie mit ihnen zusammen ein Zwischenprotokoll, und halten darin alle erzielten Gemeinsamkeiten und Teileinigungen fest. Sie brauchen dann bei einer späteren Fortsetzung des Gesprächs nicht wieder bei Null anzufangen. Außerdem sollten Sie auf einem kurzfristigen Termin für die Fortsetzung des Gesprächs bestehen.

Das Verhältnis zwischen Ebenen und Phasen

Die Ebenen und Phasen in einem Gespräch verhalten sich zueinander wie horizontal und vertikal. Den Phasen entlang verläuft ein Gespräch vorwärts zum Ziel und den Ebenen nach in die Tiefe zur Person der Gesprächpartner.

Sofern keine Störungen aus den Persönlichkeitsebenen dazwischen kommen, kann ein Gespräch gemäß dem Phasenmodell ablaufen. Treten aber Störungen ein, weist Ihnen das Modell der Kommunikationsebenen den Weg zum anderen Menschen. Sobald Sie die Störungen auf den unteren Kommunikations- und Persönlichkeitsebenen behoben haben, und Ihren Gesprächspartner wieder voll ins Gespräch integriert haben, gibt Ihnen das Phasenmodell wieder die Richtung an.

Wenn Sie also idealerweise mit Ihren Gesprächspartnern Übereinstimmung auf allen Ebenen erreicht haben, können Sie die Phasen zügig und störungsfrei miteinander durchlaufen und Gespräche zu guten Abschlüssen bringen.

Abbildung 17 zeigt die Verbindung beider Modelle:

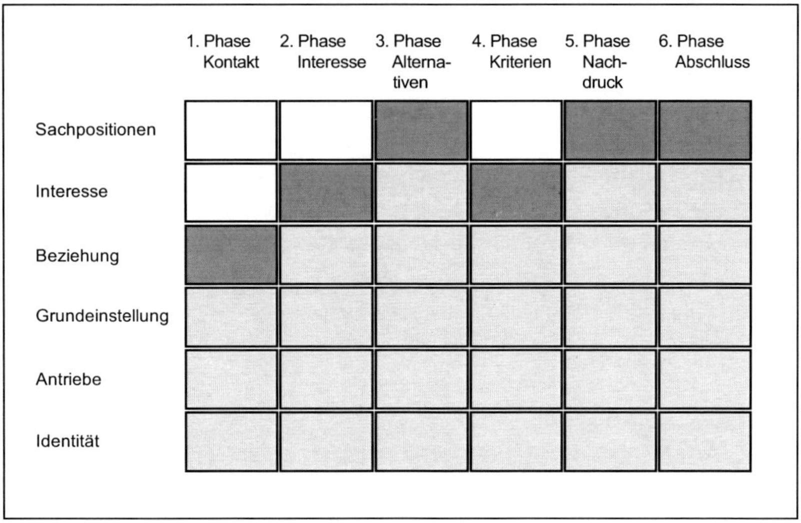

Abbildung 17: *Gesprächsebenen und Gesprächsphasen*

6. Gesprächstypen

Sieben Gesprächsarten

Abhängig davon, auf welche Ebene ein Gespräch zielt oder auch auf welcher es hakt, wird es zu einem bestimmten Gesprächstyp. Gemäß den sieben Ebenen des Persönlichkeits- und Kommunikationsmodells können Sie folgende Arten von Gesprächen unterscheiden:

Ebene	**Gesprächsart und Inhalte**
Geist	Reflexion auf Sinn und Vollständigkeit Gespräche über Lebensperspektiven, Ziele und Sinn, über selbstgesetzte Werte und Maßstäbe Zusammenfassende, um Überblick bemühte Gespräche
Vernunft	Sachgespräche Informationsaustausch Diskurs Realisationsplanung Positionskampf Streitgespräche
Intention	Verhandlungen Interessenausgleich
Emotion	Meinungsaustausch Beziehungsgespräche Kontaktgespräche / -interviews Konfliktgespräche
Charakter	Gespräche über Einstellungen Persönlichkeitsbildung pädagogische Erziehungsgespräche therapeutische Gespräche
Antriebe	Motivationsgespräche Motiverkundung Klärung von Bedürfnissen
Lebensenergie	Gespräche zur Identitätsfindung, über Selbsterkenntnis und Lebenssinn, lebensberatende Gespräche Berufsberatung Krisenberatung Gesundheitsberatung

Abbildung 18: *Sieben Arten des Gesprächs*

Spezielle Gespräche

Gehaltsgespräche

Ein Gehaltsgespräch sollte vor allem ein Gespräch auf der Motivationsebene sein, in dem die grundlegenden Motivationen des Mitarbeiters besprochen und geklärt werden. Aufgabe eines Vorgesetzten ist es, zu schauen, welche Maßnahmen geeignet und realisierbar sind, um den betreffenden Mitarbeiter entsprechend seinen inneren Motiven einzusetzen. Wer mehr *Gehalt* fordert, verlangt oft eine *gehalt*vollere Arbeit. Wer auf mehr *Lohn* drängt, verlangt oft, dass es sich für ihn motivationsmäßig, das heißt hinsichtlich Sinn, Lust und Spaß, wieder *lohn*en muss, zu arbeiten. Wer mehr *Geld* verlangt, verlangt oft mehr *Gelt*ung. All das müssen Sie als Vorgesetzter erkennen. Nur dann können Sie ihre Mitarbeiter vor innerer Kündigung bewahren und ihren vollen Einsatz erwarten.

Als Mitarbeiter ist es vorteilhaft, wenn Sie mit möglichst vielen Lösungsalternativen in ein „Gehaltsgespräch" gehen. Wenn eine Gehaltserhöhung aus irgendwelchen Gründen nicht möglich ist, dann kann über die Alternativen dazu weiter verhandelt werden.

Bewerbungs- und Vorstellungsgespräche

Wer Bewerber durchschauen will, hat dafür bereits in Kapitel 3 zureichend Mittel an die Hand bekommen. Hier deshalb noch einige Tipps für den Fall, dass Sie sich bewerben. Wie bereitet man sich auf ein Bewerbungsgespräch optimal vor?

1. Ein Hauptproblem vor und in Bewerbungsgesprächen ist häufig die eigene Nervosität. Sie haben vielleicht Angst, einen schlechten Eindruck zu machen oder mindestens, dass Ihre Qualitäten nicht deutlich genug sichtbar werden. Sie gehen mit der Hoffnung hin, eine bestimmte Stelle mit dem entsprechenden Ansehen und der dazugehörigen „Vergütung" zu erhalten und wollen sich so darstellen, dass Sie

diese Stelle bekommen. Sie nehmen sich zusammen und haben schon den größten Fehler gemacht: Sie verlieren Ihre Natürlichkeit. Ihre Ausstrahlung (Aura) schrumpft, und Sie wird weniger ernst genommen. Falls Sie dann doch noch genommen werden, dann vielleicht gerade deshalb. Wenn Sie einen solchen Job haben wollen, dann bitte. Tun Sie nur so, als wären Sie der geeignete Kandidat, werden ihr Arbeitgeber und Sie es früh genug bereuen. Solches Verhalten wäre Ausdruck einer vielleicht von Minderwertigkeitsgefühlen geprägten inneren Grundeinstellung, mit der Sie nicht weit kommen.

2. Von Ihnen als Bewerber aus gesehen ist eigentlich die Firma, die eine Stelle ausschreibt der Bewerber. Die Firma bewirbt sich um Ihre Lebens- und Arbeitszeit, um Ihre Mitarbeit, um Sie. Bevor Sie das Kostbarste, was Sie haben, hergeben, sollten Sie sich und das Ihnen vorliegende Angebot sorgfältig prüfen. Können Sie sich damit wirklich identifizieren? Wollen Sie diese Arbeit tatsächlich machen? Werden Sie persönlich angemessen profitieren? Es geht nicht darum, dass Sie eine bestimmte Stelle bekommen, sondern darum, ob diese Stelle etwas für Sie ist. Es geht um Ihre persönliche Lebenszufriedenheit. Der Zweck eines Kontakt- und Vorstellungsgespräches liegt dann darin, von beiden Seiten her auszuloten, ob man zueinander passt.

3. Um das herausfinden zu können, ist es notwendig, dass Sie für sich selbst die Ziele definieren, für die Sie bereit sind, sich zu engagieren. Zugleich hilft es, wenn Sie für sich den Sinn Ihres Lebens klären, das heißt die Aufgaben, die Ihnen Ihr Leben lebenswert und sinnvoll erscheinen lassen. Je klarer Sie Ziele und Sinn vor Augen haben und auch in einem Vorstellungsgespräch formulieren, desto klarer können Ihre Gesprächspartner beurteilen, wer Sie sind, wofür man Ihre Mitarbeit in dieser Firma oder Institution gebrauchen könnte, beziehungsweise ob Sie mit Ihren Wertvorstellungen überhaupt hineinpassen.

4. Falls Sie den Eindruck haben, eine Stelle sei der „ideale" Platz für Sie, und Sie werden trotzdem abgelehnt, so sollte das kein Grund zur Enttäuschung sein. Räumen Sie einfach ein, dass Ihre Gesprächspartner den Platz und seine Umgebung besser kennen als Sie und darum frühzeitiger als Sie selbst erkennen konnten, dass Sie nicht dahin pas-

sen und dort nicht erfolgreich und zufrieden sein können. Auch vielfältige Ablehnungen sollten Sie deshalb im positiven Sinn als Hinweis darauf verstehen, dass diese Stellen, Kollegen und Vorgesetzten Sie nicht hätten glücklich machen können. Wenn Sie einmal Billard oder Golf gespielt haben, wissen Sie, wie viele Anstöße manche Kugel braucht, ehe sie ins Loch fällt.

5. In jedem Vorstellungsgespräch werden Grundeinstellungen vollzogen, die für eine längere Beziehung prägend sind. Sie sollten deshalb ausdrücklich darauf achten, in solchen Gesprächen Ihre tatsächliche persönliche Linie und Ihre persönlichen Ansprüche klar zu formulieren und sich nicht aus reiner Freundlichkeit auf Kompromisse einlassen. Was in einem Gespräch als Kompromiss erträglich scheinen mag, kann sich bei einer Zusammenarbeit über Jahre als unerträgliche Fessel oder Pflicht erweisen, die Sie dann nicht mehr so leicht los werden. Sorgen Sie gerade zu Beginn für klare Verhältnisse. Wenn die andere Seite auf Ihre Vorstellungen abweisend reagiert, wissen Sie schon, was Ihnen in späteren „Mitarbeitergesprächen", „Motivationsgesprächen" und „Kritikgesprächen" bevorsteht. Sie sollten dann die Konsequenz ziehen und Ihre Bewerbung offen zurückziehen.

6. Sie mögen nun fragen, ob Sie mit solchen Einstellungen einem potentiellen Arbeitgeber nicht zuviel an Ansprüchen zumuten. Vielleicht zweifeln Sie sogar, ob Sie so tatsächlich eine Stelle bekommen können. Ich räume ein, dass ein 58-jähriger Langzeitarbeitsloser mit geringer Qualifikation real tatsächlich kaum Chancen haben wird und bescheiden sein muss. Andererseits geht es hier aber um einen ganz anderen Aspekt: Wenn Sie sich einmal überlegen, wie viel Ihnen in einer frustrierenden und krank machenden Situation Ihr Glück und Ihre Gesundheit wert wären, dann sollten Sie sich nicht wegen des scheinbaren Vorteils eines höheren Gehalts in eine mittel- bis langfristig unangenehme Situation hineinbegeben. Halten Sie sich da lieber durch Provisorien über Wasser: Arbeitslosengeld, Aufzehren von Ersparnissen, Aushilfsjobs, Vertretungen, kurzfristige Beschäftigungsverhältnisse und suchen Sie weiter. „Kleine Brötchen" sollten Sie nur im Notfall backen.

7. Der eigentliche psychologische Clou ist der: Wenn Sie mit der hier nahegelegten Einstellung und der entsprechenden Bereitschaft zu Konsequenzen in einem Bewerbungs- beziehungsweise Vorstellungsgespräch auftreten, dann wird Ihre Unsicherheit und Angst auf ein Minimum geschrumpft sein. Sie werden souverän, authentisch und sicher auftreten und Ihre Qualitäten und Fähigkeiten optimal zur Geltung bringen. Ihre Ausstrahlung wird sehr angenehm, sympathisch und anziehend wirken. Bei einigermaßen passender Qualifikation schneiden Sie dann im Vergleich zu Ihren ängstlich beflissenen oder aus Unsicherheit arroganten Mitbewerbern wesentlich besser ab und haben, wenn die einstellende Person nicht gezielt unterwürfige „Sklaven" sucht, beste Chancen, die Stelle zu bekommen.

8. Es mag Sie verunsichern, dass Sie nicht wissen, was Sie gefragt werden und wie Sie sich optimal vorbereiten können. Das beste ist, Sie bereiten Antworten auf die für Sie unangenehmsten möglichen Fragen vor. Wenn Sie mehrfach geschieden, von Ihrem letzten Arbeitgeber gefeuert, zweimal in Konkurs gegangen oder Mitglied einer kommunistischen Partei sind, sollten Sie mit diesbezüglichen Fragen positiv umgehen können. Es ist zwar sehr unwahrscheinlich und zum Teil auch unzulässig, dass solche Themen angeschnitten werden, aber wenn Sie auf das Schlimmste vorbereitet sind, können Sie gelassen ins Gespräch gehen.

9. Wenn Sie befürchten müssen, dass ein „dunkler Punkt" aus Ihrer Vergangenheit bekannt sein könnte, sollten Sie ihn von sich aus selbst ansprechen, ehe Sie damit „erwischt" werden. Nur so haben Sie die Chance, ihn, ohne sich zu rechtfertigen, in einem positiven und für Sie günstigen Licht darzustellen. Manches wird sich ohnehin auf längere Sicht nicht verheimlichen lassen. Meistens ist es besser vorab zu prüfen, wie groß die diesbezügliche Toleranz auf der anderen Seite ist. Auch dauerhaftes Verbergen kann viel kostbare eigene Energie kosten.

10. Eine häufige und beliebte Frage ist die nach Ihren Stärken und Schwächen. Wenn Sie darauf antworten, legen Sie in erster Linie Ihre persönlichkeitsbezogenen Stärken dar, beispielsweise: „Ich bin bereit,

mich auf andere Menschen und neue Situationen einzustellen, und ich glaube, das gelingt mir auch in hohem Maße“, oder: „Ich kann mich gut zurückhalten und anderen Menschen zuhören.“ Natürlich sollten Sie nur Stärken nennen, die Sie tatsächlich bei sich sehen. Dass Sie über sachlich-fachliche Kompetenz verfügen, sollten Sie eher als selbstverständlich anfügen. Hinsichtlich Ihrer Schwächen können Sie zeigen, dass Sie einzelne Charakterzüge bei sich kennen, die unter bestimmten Umständen von manchen anderen Menschen negativ aufgenommen werden, zum Beispiel: „Mein stark ausgeprägter Gerechtigkeitssinn führt manchmal dazu, dass ich mich heftig mit anderen Menschen anlege.“ Oder: „Es gibt Leute, die mich für arrogant halten. Ich führe das darauf zurück, dass ich in der Vergangenheit so gut wie keine privaten Kontakte zu meinen Kollegen aufgenommen habe, um voll für meine Familie da sein zu können.“ Kompetent wirkt auch folgender Umgang mit einer „Schwäche“: „Ich weiß zum Beispiel, dass ich auf manche Menschen arrogant wirke. Ich fürchte zum Beispiel, dass Sie mich heute auch so empfinden. Mir ist aufgefallen, dass mir meine Befangenheit besonders bei ersten Begegnungen mit fremden Menschen ein Stück meiner sonstigen Wirkung nimmt. Meine Stärken kommen in einem kontinuierlich zusammenarbeitenden Team eher zum Tragen. Deshalb habe ich mich auch für diese Stelle beworben.“

11. In einem gut geführten Bewerbungsgespräch wird der Stellenanbieter Sie viel sprechen lassen und Ihnen Fragen stellen. In schlecht geführten Bewerbungsgesprächen verwendet der Arbeitgeber den überwiegenden Teil der Zeit zu seiner eigenen Selbstdarstellung. Von Ihrer Seite her steht dem nicht viel entgegen, sich offen und frei mitzuteilen und Ihre kennzeichnenden Eigenschaften und Ansprüche klar zu formulieren. Sie sollten nicht darauf verzichten, Ihren möglichen künftigen Arbeitgeber selber zu befragen. Außer nach dem Arbeitsgebiet und den Vertragskonditionen sollten Sie ruhig nach allem fragen, was Sie tatsächlich interessiert. Sie können sich beispielsweise erkundigen, als was für einen Menschen und Chef er sich persönlich einschätzt, wie er das Klima in Ihrer potentiellen künftigen Abteilung einschätzt, wie er den Stellenwert von Ihnen und Ihrer künftigen Auf-

gabe im Rahmen der gesamten Firma einschätzt, welche Ansprüche er an einen Mitarbeiter stellt, wie er die eigene Fähigkeit Kritik anzunehmen, bewertet. Erkundigen Sie sich auch nach dem Konfliktpotential im Umfeld und danach, wie zwischen Ihnen beiden möglicherweise auftretende Konflikte bearbeitet und gelöst werden könnten. An der Art, wie Ihre Gesprächspartner auf solche Fragen reagieren, können Sie viel über die Art einer künftigen Beziehung ablesen. Sie werden leicht merken, ob solche Fragen unerwünscht sind.

12. Wenn Sie sich aus diesen Hinweisen eine selbstsichere und selbstbewusste Grundeinstellung für eine Vorstellungssituation bilden, werden Sie so leicht nicht mehr Opfer der Entscheidungen anderer. Vielfach werden Sie schon vor einer Zu- oder Absage selbst die Entscheidung getroffen haben, dass diese Stelle nicht das richtige für Sie ist. Das eigene Leben ist zu kostbar, um für Geld seine „Seele" zu verkaufen. Betrachten Sie sich deshalb nicht als Bewerber, sondern geben Sie anderen die Chance, sich bei Ihnen zu bewerben. So wenig leichtfertig Sie sich privat auf einen Menschen als Lebenspartner einlassen, sowenig leichtfertig sollten Sie auch berufliche „Lebensabschnittspartner" wählen.

Diskussionen und Gruppengespräche

Hier möchte ich Ihnen noch paar Tipps gegeben, wie Sie sich als Teilnehmer in Gruppengesprächen besser behaupten und durchsetzen können. Die eine Seite solcher Gespräche liegt bei der Moderation. Dieser Aspekt wurde bei der „Ebene der Grundeinstellungen" behandelt. Die Perspektive der Teilnehmer ist die andere Seite. Was hilft Ihnen als Teilnehmer, sich besser zu behaupten und durchzusetzen?

1. Akzeptieren Sie grundsätzlich die Autorität von Gruppenleitern oder Moderatoren, aber hüten Sie sich im Einzelfall davor, sich durch deren Strategie, zu stark beeinträchtigen zu lassen. Wichtiger als alle Argumente kann es im Einzelfall sein, sich gegen einen Moderator durchzusetzen. Die wichtigsten Grundeinstellungen finden in den ersten Minuten eines Gesprächs statt, in dieser Zeit sollten Sie besonders

wachsam sein und für die richtige Weichenstellung sorgen. In späteren Phasen eines Gesprächs müssen solche Weichenstellungen als Anträge zur Geschäftsordnung eingebracht werden.

2. Sorgen Sie mit dafür, dass zu Beginn einer Diskussion nicht reihum Positionen und Begründungen dafür abgefragt oder eingebracht werden, sondern dass ein Gespräch von einer Problemstellung aus geführt wird. Alle Aspekte einer Synthesestrategie gelten auch für Gruppengespräche.

3. Bei mehr als fünf Teilnehmern ist es für Sie selbst meist von Vorteil, wenn Gespräche moderiert werden. Schlagen Sie deshalb die Wahl eines Moderators vor, und nennen Ihren Wunschkandidaten.

4. Vermeiden Sie es in Gruppengesprächen möglichst, als erster zu Wort zu kommen. Andere profilieren sich dann leicht auf Ihre Kosten, und Ihr Beitrag gerät ins Abseits. Hören Sie zunächst lieber gut zu, was die anderen sagen, und knüpfen Sie Ihre Beiträge dann später an die Äußerungen anderer Personen an. Dabei sollten Sie auf freundliche Beziehungssignale, die Feststellung von Gemeinsamkeiten und auf die freundliche Mitteilung „weiterer Aspekte" oder „anderer" Lösungsvorschläge achten.

5. Für die Wirkung Ihrer Meinung ist es vorteilhaft, wenn Sie sie als Weiterentwicklung auf der Basis von Zusammenfassungen des bisherigen Gesprächsverlaufs aufbauen können. Häufig empfiehlt es sich dazu, während längeren Passagen eines Gesprächs zu schweigen und zuzuhören, um dann zum Schluss eines Abschnitts oder auch zum Schluss eines Gesprächs die nötige Aufmerksamkeit für Ihre Stellungnahme zu gewinnen.

6. Sie sich nicht mit Leuten, die Sie ohnehin nicht überzeugen können. Legen Sie sich auch nicht mit den stärksten Gegnern an. Schauen Sie lieber, wer zu Ihren Sympathisanten gehört. Aktivieren Sie diese in der Gruppe, indem Sie sie gezielt nach ihrer Meinung fragen. Gegebenenfalls können Sie auch deren Stellung bezüglich der Position eines starken Gegners erfragen, und so gegen diesen „Hilfstruppen" mobilisieren. Schließlich können Sie zusammenfassend die Bedenken

mehrerer Teilnehmer einer Gruppe zugespitzt und hochdosiert gegen diesen Gegner lenken.

7. Ebenso wenig wie bei Ihren Gegnern sollten Sie zu viel Zeit bei Ihren Sympathisanten verschwenden. Richten Sie Ihre Hauptaufmerksamkeit auf die Gruppenteilnehmer, die noch unentschlossen sind und die Sie gegebenenfalls noch gewinnen können. In einer Gruppe von sieben Teilnehmern brauchen Sie bei einer Abstimmung nur drei Personen, die mit Ihnen abstimmen, um eine Entscheidung in Ihrem Sinne herbeizuführen: Ihre beiden Hauptgegner können Sie von vornherein abschreiben, Ihren Sympathisanten können Sie schon für sich verbuchen, dann geht es lediglich darum, welche zwei weiteren Personen Sie, notfalls mit einem „na ja", in der Abstimmung zu sich herüberziehen können.

8. Streben Sie in einer Diskussion möglichst an, dass sich alle miteinander um die Lösung eines Problems bemühen. Bei Störungen auf der Beziehungsebene sollten Sie diese mit den gezeigten Methoden zu beheben versuchen. Häufig wird das in Gruppen nicht völlig möglich sein, aber eine Dämpfung können Sie mit diesen Methoden erreichen. Sprechen Sie gegebenenfalls mit einzelnen separat in einer Pause.

9. Greifen Sie niemanden so heftig an, dass sich andere mit dieser Person aus Mitleid solidarisieren.

10. Versuchen Sie möglichst frühzeitig zu klären, welches Ziel eine Diskussion hat. Handelt es sich lediglich um einen Meinungsaustausch, oder soll eine Entscheidung dabei herauskommen? Ist letzteres der Fall, muss frühzeitig geregelt werden, mit welcher Technik diese Entscheidung herbeigeführt werden soll.

11. Sie können grundsätzlich davon ausgehen, dass alle Negationen, verletzende Äußerungen, Zurückweisungen oder Kränkungen, die Sie anderen Gesprächspartnern zufügen, in mindestens gleicher Stärke zu Ihnen zurückkommen werden. Diese Aussage ist keine moralische, sie entstammt der Erfahrung aus vielen Gesprächen, die wir mit Videotechnik exakt analysiert haben. Umgekehrt gilt als empirisch gewonnene Regel: Das Lächeln, das du aussendest, kehrt zu dir zurück.

12. Besondere Durchsetzungskraft können Sie gewinnen, wenn Sie möglichst schon vor Gesprächen versuchen, eine „Fraktion“ zu bilden. Stimmen Sie mit anderen gemeinsames Vorgehen ab, und unterstützen Sie Ihre Beiträge während des Gesprächs gegenseitig. Ein eingespieltes Dreierteam ist selbst in einem großen Kreis nahezu unschlagbar.

13. Falls Sie Ihre Überzeugung nicht durchsetzen können und ernsthaft befürchten, dass eine Gruppe eine falsche Entscheidung trifft, können Sie versuchen, diese Entscheidung mindestens vorläufig zu verhindern. Sie können vorschlagen, noch einmal darüber nachzudenken und darüber zu schlafen. Alternativ könnten Sie in Aussicht stellen, zur Zeit noch fehlende Unterlagen beschaffen zu müssen oder von jemand Anderem noch die Herbeischaffung von zusätzlichen Unterlagen einzufordern. Eine Vertagung gibt Ihnen die Möglichkeit, zwischenzeitlich bei einzelnen Teilnehmern Überzeugungsarbeit zu leisten und an einer Fraktionsbildung zu arbeiten.

Im Kreise von mehreren Personen läuft eine andere „Gruppendynamik“ ab als in Zweiergesprächen. Bei bis zu fünf Gesprächsteilnehmern ist es durchaus möglich, argumentativ und emotional zu überzeugen. In größeren Gruppen werden dagegen die hier genannten gesprächsstrategischen Verhaltensweisen gelegentlich notwendig. Während für Kleingruppengespräche eine inhaltliche Vorbereitung im Vordergrund steht, müssen Sie für Gespräche in größeren Gruppen auch immer frühzeitig strategische Aspekte mit bedenken.

Abschluss

Dieses Buch ist ein Bausatz, mit dem Sie Brücken bauen können. Neue Brücken des Verstehens zwischen sich und anderen Menschen. Auf sieben Ebenen können Sie damit anderen Menschen näher kommen. Das ist die Basis der Psychologie des Überzeugens.

Falls Sie während der Lektüre dieses Buches jemals in Versuchung gekommen sein sollten, andere mit den hier gezeigten Mitteln zu deren Nachteil zu manipulieren, dann mögen die hier dargestellten Techniken im Einzelfall zwar dazu geeignet sein. Wenn Sie sich aber an die Gesamtheit der sieben Persönlichkeits- und Kommunikationsebenen erinnern, sollten Sie im Lauf dieses Buches erkannt haben, dass Sie niemanden auf längere Sicht über seine Identität, Bedürfnisse, Motivationen, Einstellungen, Gefühle und Interessen täuschen können und auch selbst eine sympathische und glaubwürdige Ausstrahlung nicht lange aufrecht erhalten können, wenn Sie andere täuschen. Andere Menschen werden über kurz oder lang merken, wenn sie *ver*führt worden sind und sich auf das, womit sie sich tatsächlichen identifizieren, zurückbesinnen. Ich habe zwar Menschen kennengelernt, die sich über erstaunlich lange Zeit täuschen ließen, aber das sprach weniger für die Genialität der Täuscher, als für die Blindheit derjenigen, die sich täuschen ließen.

Da Ihnen dieses Buch zeigt, wie Sie andere wirklich überzeugen können, brauchen Sie kein weniger befriedigendes Ziel anzustreben. Vertrauen und Sympathie sind hohe Güter, die Sie nur durch Ehrlichkeit und Offenheit erwerben können und die Sie leichter und schneller verlieren als gewinnen können.

Wertschätzung, Vertrauen und Sympathie von Menschen, die Sie manipuliert haben und die sich von Ihnen täuschen ließen, werden Sie auch nicht wirklich befriedigen. Sie könnten Menschen, die sich täuschen lassen, eigentlich nur geringschätzen. An Wertschätzung durch andere Menschen können sie nur wirklich Freude haben, wenn sie Ihnen freiwillig von autonomen und selbstständigen Menschen entgegengebracht wird. So tun Sie sich selbst den größten Gefallen, wenn Sie andere Menschen zu mehr Klarheit und Bewusstheit über ihre Bedürfnisse, Gefühle und Interessen führen. Die Anerkennung dafür wird Ihnen gern und dauerhaft zuteil und schafft die beste Grundlage für langfristig tragfähige Vereinbarungen, die alle Ebenen abdecken.

Die Gedanken und Methoden dieses Buches können Ihnen in diesem Sinn nicht nur zu einem besseren Verständnis anderer Menschen verhelfen, sondern vor allem zu tieferen und befriedigenderen Begegnungen mit ihnen. Neue Brücken zwischen Menschen sind Wege zum Frieden.

Der Autor

Dr. phil. Winfried Prost
hat seit 1980 mehr als 1 200 Führungs- und Persönlichkeitsseminare sowie zahlreiche Beratungen für Vorstände und andere Führungskräfte mit insgesamt mehr als 12 000 Teilnehmern durchgeführt. Einige Jahre arbeitete er mit Professor Rupert Lay zusammen. Dr. Prost studierte an der Hochschule des Jesuitenordens St. Georgen in Frankfurt und an der Universität in Bonn Philosophie, Pädagogik und Theologie.

Seit 1986 führt er seine Tätigkeit überwiegend im eigenen Seminarhaus in Köln durch. 1996 gründete er die Akademie für Ganzheitliche Führung. 2005 bezog er in Köln ein neues Akademiehaus direkt am Rhein und eröffnete 2006 eine Zweigniederlassung in Zürich.

Prost ist Experte für Führungsfragen, für rhetorische und dialektische Kommunikation und berät bei schwierigen Verhandlungen. Weitere Schwerpunkte seiner Beratungen sind: Öffentlichkeitsarbeit, Persönlichkeitspsychologie und Psychosomatik. Sein Ansatz ist eine ganzheitliche, das heißt alle Persönlichkeitsebenen und Lebensbereiche umfassende Wachstumsarbeit, deren Ziel es ist, brachliegende oder blockierte Persönlichkeitsanteile zu aktivieren und in das private und berufliche Lebensfeld zu integrieren.

Einen Teil seiner Erfahrungen veröffentlichte er als Autor von mittlerweile 20 Büchern. Seit 2001 bietet er eine Ausbildung zum Coach an.

Winfried Prost ist in der vierten Generation Pädagoge und Vater von fünf Söhnen und einer Tochter.

Kontakt: www.winfried-prost.de

Weitere Bücher von Winfried Prost

GLASPERLENSPIELE*; Verborgenem Wissen auf der Spur, Reise zum tieferen Sinn unserer Worte, 1999.

AUS PARTITUREN DES SCHICKSALS*; Schicksale und Krankheiten tiefenpsychologisch gedeutet, 304 Seiten, 2000.

FÜHRE DICH SELBST!* Die eigene Lebensenergie als Kraftquelle nutzen, 3. Auflage 2001.

COACHING-BREVIER*; 150 Goldene Regeln für Coaching und Training, 2003.

LEXIKON KÖRPERLICHER UND PSYCHISCHER SYMPTOME UND DER GESCHICHTEN DAHINTER*; 2004.

FÜHREN MIT AUTORITÄT UND CHARISMA; Gabler Verlag 2008.

VOM UMGANG MIT SCHWIERIGEN MENSCHEN; Experten berichten von ihren schwierigsten Fällen und deren Lösung, herausgegeben von Winfried Prost, in Vorbereitung, Gabler Verlag 2009.

MANIPULIEREN UND ÜBERZEUGEN; Unterschwellige Beeinflussung erkennen, einsetzen oder abwehren, 3. Auflage in Vorbereitung, Gabler Verlag 2009.

RHETORIK UND PERSÖNLICHKEIT; Wie Sie selbstsicher und charismatisch auftreten, 2. Auflage in Vorbereitung, Gabler Verlag 2009.

* Diese Bücher sind nur direkt beim Autor erhältlich.

Stichwortverzeichnis

E

F

G

H

O

P

R

S

T

U

MIX
Papier aus verantwortungsvollen Quellen
Paper from responsible sources
FSC® C105338

Printed by Books on Demand, Germany